基金资助：河北省自然科学基金项目（E2020402079）

河北省高等学校科学技术研究项目（ZD2019114）

仿生智能算法及其在结构可靠性分析中的应用

李彦苍　刘战伟　王利英　石华旺　著

科学出版社

北　京

内 容 简 介

　　本书结合具体工程实例，深入浅出地介绍蚁群算法、粒子群优化算法、萤火虫算法、细菌觅食优化算法、帝国竞争算法、人工蜂群算法、布谷鸟算法、教学优化算法、蛙跳算法等仿生智能算法的起源、原理、模型及应用；针对基本算法的缺陷，提出相应的改进算法，并就改进算法在工程结构可靠性分析中的应用进行重点介绍。全书在内容安排上突出实用、创新的特色。

　　本书知识性、可读性强，可作为高等院校土木工程、水利工程、计算机科学、信息科学、人工智能、控制科学、系统科学、管理科学等领域相关专业的本科生和研究生的教材，也可作为相关领域技术人员的参考用书。

图书在版编目(CIP)数据

仿生智能算法及其在结构可靠性分析中的应用/李彦苍等著. —北京：科学出版社，2020.12
　ISBN 978-7-03-067204-9

Ⅰ.①仿… Ⅱ.①李… Ⅲ.①人工智能-算法理论-应用-结构可靠性-分析 Ⅳ.①TB114.33

中国版本图书馆 CIP 数据核字（2020）第 250334 号

责任编辑：纪　兴　吴超莉 / 责任校对：赵丽杰
责任印制：吕春珉 / 封面设计：东方人华平面设计部

科 学 出 版 社 出版
北京东黄城根北街 16 号
邮政编码：100717
http://www.sciencep.com

三河市骏杰印刷有限公司印刷
科学出版社发行　　各地新华书店经销
*
2020 年 12 月第　一　版　　开本：B5（720×1000）
2020 年 12 月第一次印刷　　印张：11 1/2
字数：232 000

定价：92.00 元
（如有印装质量问题，我社负责调换〈骏杰〉）
销售部电话 010-62136230　编辑部电话 010-62135397-2052

前　　言

　　随着科学技术的发展，复杂工程结构可靠性研究具有越来越重要的理论和现实意义。在国内外学者的共同努力下，结构可靠性相关研究取得了长足的发展。仿生智能算法的兴起也为问题的解决提供了有效途径。本书探索将智能优化方法应用于结构可靠性分析中，力图为可靠性分析提供一种新的思路和方法。笔者结合多年研究成果和所带研究生的研究成果完成了本书，以期为在校学生及相关从业人员提供帮助。

　　本书较为系统地介绍蚁群算法、粒子群优化算法、萤火虫算法、细菌觅食优化算法、帝国竞争算法、人工蜂群算法、布谷鸟算法、教学优化算法、蛙跳算法等仿生智能算法的起源、原理、模型及应用；针对基本算法的缺陷，提出相应的改进算法，并就改进算法在工程结构可靠性分析中的应用进行重点介绍，为推进计算智能及与结构可靠性分析的交叉发展提供新的思路。

　　本书内容系统全面，内容安排深入浅出，突出实用、创新的特色，知识性、可读性强，可为土木工程、计算机科学、信息科学、人工智能、控制科学、系统科学、管理科学等领域相关专业人员提供参考，同时也可作为相关专业研究生和高年级本科生的教材，尤其希望本书能够对高等院校土木工程、水利工程等相关专业的教学及从业人员有所裨益。

　　在本书的写作过程中，笔者参考和引用了有关专家、学者的论著，在此谨向他们表示衷心的感谢和深深的敬意。

　　由于结构可靠性分析和智能算法相关研究的发展日新月异，本书难以全面论述，更由于笔者理论水平有限，书中不足之处在所难免，恳请广大读者批评指正。

目　　录

第1章　基于蚁群算法及粒子群优化算法的结构可靠性分析

1.1　基本蚁群算法及粒子群优化算法

1.1.1　蚁群算法概述

蚁群算法（ant colony optimization，ACO）是由 Dorigo、Maniezzo、Colorni 等于 20 世纪 90 年代提出的，并在组合优化问题的解决中取得了令人满意的效果[1-3]。

生物学家经过大量研究发现，蚂蚁个体间通过一种被称为信息素的化学物质进行彼此的信息交流和协作。蚂蚁在行进过程中，能够在它所经过的路径上留下信息素，并能感知路径上其他蚂蚁留下的信息素。路径上信息素残留量越大，对蚂蚁的吸引力就越大，蚂蚁选择此路径的概率就越高，从而使得该路径上信息素浓度得到加强，表现出一种信息正反馈现象。蚂蚁群体就是通过这种间接通信方式来达到沿着最短路径前行的目的的。

研究表明，蚁群算法具有很强的耦合性，易与其他优化算法或启发式算法相融合。因此，学者们提出了多种混合算法：Karaboga 等将蚁群算法与禁忌搜索相融合，利用禁忌搜索的长期记忆功能来改进搜索空间[4]。孙凯等提出了一种蚁群与粒子群混合算法，该算法首先将蚁群划分成多个蚂蚁子群，然后将蚂蚁子群的参数作为粒子，通过粒子群优化算法（particle swarm optimization，PSO）来优化蚂蚁子群的参数，并在蚂蚁子群中引入信息素交换操作，实验表明改进的算法比传统算法更具优势[5]。柴宝杰和刘大为应用粒子群优化算法对蚁群算法的控制参数进行优化，优化质量和效率都优于传统蚁群算法和遗传算法[6]。刘勇等提出了一种蚁群与免疫克隆相结合的混合算法，在算法前期采用免疫算法来产生初始信息分布，在后期根据路径浓度抑制机制调整路径上的信息素量，从而保持了蚁群的多样性[7]。

如何对搜索策略进行改进以防止算法陷入局部最优，这也是近年来许多学者研究的一个热点问题。许殿等提出了一种回归蚁群算法，通过外加牵引力使蚂蚁按照城市的整体分布规律寻优，增加了全局收敛性，并通过圈地算法，减少了局部搜索的计算量[8]。刘心报等提出了一种分支蚁群动态扰动算法，该算法引入分支策略和条件动态扰动策略，实验表明，该算法可以有效改善基本蚁群算法搜索时间长、容易陷入局部极小等问题[9]。李颖浩和郭瑞鹏将把蚂蚁分为搜索蚁、侦察蚁和工蚁，并引入混沌量，较好地克服了蚁群算法本身运算速度慢、易陷入局部最优等缺点[10]。Holthaus 和 Rajendran 提出了一种快速蚁群算法，该算法主要是将初始的信息素量浓度作为唯一的启发式信息，提高了算法的精度[11]。国内外广大学者在蚁群算法改进方面所做的努力，有效提高了算法的运算效率，为算法的进一步推广应用打下了坚实的基础。

蚁群算法的应用也是研究的热点之一。继 Dorigo 首先将蚁群算法用于旅行商问题（traveling salesman problem，TSP）之后，在其他领域蚁群算法也展现出了旺盛的生命力。Socha 和 Dorigo 提出了扩展蚁群算法，通过将基本蚁群算法的离散概率选择方式连续化，将其扩展到连续空间优化问题上，但该算法受参数影响较大[12]。李士勇和王青提出了一种求解连续空间优化的扩展粒子蚁群算法，将粒子群优化算法嵌入扩展蚁群算法中用于在线优化扩展蚁群算法参数，降低了参数人为调整的盲目性，从而改善扩展蚁群算法的寻径行为[13]。张卓群等在蚁群算法的基础上，将结构拓扑优化问题转换为双 TSP，引入拓扑量和拓扑总量作为结构拓扑变化的评判标准，对某输电线塔进行了优化[14]。张程恩等提出了一种基于蚁群算法和模糊聚类算法的火山岩岩性识别方法，用该方法对火山岩样本数据点进行训练和学习，获得最佳的岩性聚类中心，根据加权信息素浓度和的大小，识别实际测井数据点的岩性[15]。周建新等提出了一种改进蚁群神经网络，采用动态局部信息素更新和自适应调节信息素挥发的全局信息素更新相结合的方式对蚁群算法进行了改进，并利用改进蚁群算法对神经网络权值和阈值进行优化，利用优化后的神经网络对比例-积分-微分（proportion integration differentiation，PID）控制器参数进行调整，从而较好地实现了大滞后系统的优化控制[16]。广大学者对蚁群算法的应用研究，极大地扩展了算法的应用范围，开辟了一条解决问题的新途径。

1.1.2　粒子群优化算法概述

粒子群优化算法属于进化算法的一种，同遗传算法类似，也是从随机解出发，通过适应度来评价解的品质，通过迭代寻找最优解。粒子群优化算法比遗传算法规则更为简单，没有遗传算法的"交叉"（crossover）和"变异"（mutation）操作，通过追随当前搜索到的最优值来寻找全局最优。这种算法以实现容易、精度高、收敛快、需要调整的参数少等优点引起了学术界的重视，目前已广泛应用于函数优化、神经网络训练、模糊系统控制及其他遗传算法的应用领域，并且在解决实际问题中展示了其优越性[17-20]。

粒子群优化算法的基本思想是通过群体中个体之间的协作和信息共享来寻找最优解。该算法最初是受到飞鸟集群活动规律性的启发，进而利用群体智能建立的一个简化模型，在对动物集群活动行为进行观察的基础上，利用群体中的个体对信息的共享使整个群体的运动在问题求解空间中产生从无序到有序的演化过程，从而得到最优解。

　　由于粒子群优化算法在函数优化等领域有着广泛的应用前景，该算法自提出以来，就引起了国际上相关领域众多学者的关注。Hendlass 通过增加粒子记忆功能[21]；Wang 等通过引入"交换子"和"交换序"[22]，提出了不同的解决 TSP 的方法；王正武等通过采用分段变化的惯性因子选择机制改进了粒子群优化算法[23]；贾善坡等提出了基于自然选择的混合粒子群优化算法[24]；倪绍虎等结合变尺度法的特点，将改进粒子群优化算法应用于岩土工程领域[25]；于繁华和刘寒冰将改进粒子群优化算法应用于结构的模型修正与损伤识别[26]；郑严等将粒子群优化算法应用到钢结构、桁架结构等结构的优化或可靠性的求解中[27]。

　　粒子群优化算法概念简单，易于实现，在短短几年时间内便获得了很大的发展，并已应用于多个学科和工程领域，在多目标优化、自动目标检测、生物信号识别、决策调度、机器人应用等方面取得了较好的研究成果。

1.2　改进蚁群算法及改进粒子群优化算法

1.2.1　改进蚁群算法

1. 蚁群算法的基本原理

　　社会性动物的群集活动往往能产生惊人的自组织行为，如个体行为显得简单、盲目的蚂蚁组成蚁群后能够发现从蚁巢到食物源的最短路径。生物学家经过仔细研究发现，蚂蚁之间通过一种称为"信息素"的物质进行间接通信、相互协作来发现最短路径。受这种现象启发，意大利学者 Dorigo、Maniezzo 和 Colorni 通过模拟蚁群觅食行为提出了一种基于种群的模拟进化算法——蚁群算法。该算法的出现引起了学者们的广大关注，目前，蚁群算法在函数优化、系统辨识、网络路由、机器人路径规划、数据挖掘及大规模集成电路的综合布线设计等领域获得了广泛的应用，并取得了较好的效果[28-30]。

　　下面引用 Dorigo 所举的例子来说明蚁群发现最短路径的原理和机制，如图 1-1 所示[31]。假设 D 和 H 之间、B 和 H 之间及 B 和 D 之间（通过 C）的距离均为 1，C 位于 D 和 B 之间 [图 1-1（a）]。考虑等间隔、等离散时间点（t=0,1,2,… ）的蚁群系统情况。假设每单位时间有 30 只蚂蚁从 A 走到 B，另 30 只蚂蚁从 E 走到 D，其行走速度都为 1（一个单位时间所走距离为 1），在行走时，一只蚂蚁可在 t 时刻留下浓度为 1 的信息素。为简单起见，设信息素在时间区间(t+1, t+2)的中点(t+1.5)时刻瞬时完全挥发。在 t=0 时刻无任何信息素，但分别有 30 只蚂蚁在 B、30 只蚂蚁在 D 等待出发。它们选择走哪一条路径是完全随机的，因此在这两个节点上蚁群可各自一分为二，走两个方向 [图 1-1（b）]。但在 t=1 时刻，从 A 走到 B 的 30

只蚂蚁在通向 H 的路径上发现一条信息素浓度为 15 的路径，这是由 15 只从 B 走向 H 的先行蚂蚁留下来的；而在通向 C 的路径上它们可以发现一条信息素浓度为 30 的路径，这是由 15 只走向 C 的蚂蚁所留下的信息素与 15 只从 D 经 C 到达 B 留下的信息素之和［图 1-1（c）］。这时，选择路径的概率就有了偏差，向 C 走的蚂蚁数将是向 H 走的蚂蚁数的 2 倍。对于从 E 走到 D 的蚂蚁也是如此。

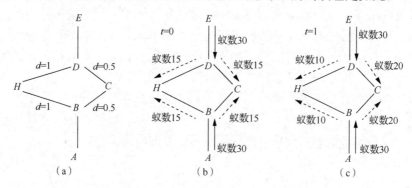

图 1-1　蚁群路径搜索示例

　　这个过程一直会持续到所有蚂蚁最终都选择了最短的路径为止。这样就可以理解蚁群算法的基本思想：如果在给定点，一只蚂蚁要在不同的路径中选择，那么，那些被先行蚂蚁大量选择的路径（也就是信息素留存较浓的路径）被选中的概率更大，较多的信息素意味着较短的路径，也就意味着较好的问题回答。

2. 蚁群算法的数学模型

　　由于蚁群觅食的过程与 TSP 的求解非常相似，很多文献对蚁群算法的详细介绍是从 TSP 开始的。为了更好地理解算法的数学模型和实现过程，以 n 个城市的 TSP 作为背景介绍基本蚁群算法[32]。TSP 属于一种典型的组合优化问题，它在蚁群算法的发展过程中起着非常重要的作用。

　　TSP 就是找到仅经过各城市一次并回到起点，且为最短路径的一条回路。给定 n 个城市的集合 $N = \{N_1, N_2, \cdots, N_n\}$，设两个城市 i、j 间的距离为 d_{ij}（$1 \leqslant i \leqslant n$；$1 \leqslant j \leqslant n; i \neq j$），其表示如下：

$$d_{ij} = [(x_i - x_j)^2 + (y_i - y_j)^2]^{1/2} \tag{1-1}$$

设蚁群算法中的每只蚂蚁具有以下特征。

　　（1）每次周游完成后，每只蚂蚁在它经过的每一条路径 (i, j) 上皆留下信息素。

　　（2）当前路径所含信息素的数量和城市之间的距离在一定程度上决定了蚂蚁个体选择城市的概率。

　　（3）规定蚂蚁必须走合法路线，直到一次周游完成后，才允许再次访问已经访问过的城市（可由禁忌表来控制）。

蚁群算法中的基本变量和常数有：m，蚁群中的蚂蚁数量；n，城市的个数；d_{ij}，城市 i 和城市 j 之间的距离，其中 $i, j \in (1, n)$；$\tau_{ij}(t)$，t 时刻路径 (i, j) 上残留的信息素量，设置初始时刻路径上的信息素量相同，并设 $\tau_{ij}(0) = C$。蚂蚁 $k(k = 1, 2, \cdots, m)$ 移动的方向由各路径上的信息素量决定。$p_{ij}^k(t)$ 表示在 t 时刻蚂蚁 k 由城市 i 转移到城市 j 的状态转移概率，由各路径上的启发信息素量 $\eta_{ij}(t)$ 和残留信息素量 $\tau_{ij}(t)$ 确定，如式（1-2）所示，该式说明蚂蚁在确定路径的过程中选择与自己的距离较近且信息素浓度较大的方向的可能性大。

$$\begin{cases} p_{ij}^k(t) = \dfrac{\tau_{ij}^\alpha(t)\eta_{ij}^\beta(t)}{\sum\limits_{s \in \text{allowed}_k} \tau_{is}^\alpha(t)\eta_{is}^\beta(t)}, & j = \text{allowed}_k \\ p_{ij}^k(t) = 0, & \text{其他} \end{cases} \tag{1-2}$$

式中，α——信息启发式因子，表示轨迹的相对重要性；

β——期望启发式因子，表示期望值的相对重要性；

allowed_k——$\text{allowed}_k = \{C - \text{tabu}_k\}$，表示 t 时刻蚂蚁 k 下一步允许选择的城市；

tabu_k——禁忌表，记录蚂蚁 k $(k = 1, 2, \cdots, m)$ 当前所走过的城市；

η_{ij}——由城市 i 转移到城市 j 的期望值，可根据需要解决的问题得出。

一般来讲，η_{ij} 在本问题中按照式（1-3）计算取值。

$$\eta_{ij}(t) = 1 / d_{ij} \tag{1-3}$$

对蚂蚁 k 而言，d_{ij} 越小，则 $\eta_{ij}(t)$ 越大，$p_{ij}^k(t)$ 也越大。

因过多的残留信息素量会导致启发信息被淹没，为避免此类情况发生，在每只蚂蚁走完一步或完成 n 个城市的遍历后，需更新处理路径上残留的信息素。可按以下两个公式对 $(t + n)$ 时刻路径 (i, j) 上的信息素量进行调整：

$$\tau_{ij}(t + n) = \rho \cdot \tau_{ij}(t) + \Delta\tau_{ij}(t) \tag{1-4}$$

$$\Delta\tau_{ij}(t) = \sum_{k=1}^m \Delta\tau_{ij}^k(t) \tag{1-5}$$

式中，ρ——轨迹的持久性，为避免信息的无限积累，ρ 的取值范围是 $[0,1)$，而 $1 - \rho$ 则表示信息的残留系数；

$\Delta\tau_{ij}(t)$——本次循环中，路径 (i, j) 上的信息素增量，初始时刻 $\Delta\tau_{ij}(t) = 0$；

$\Delta\tau_{ij}^k(t)$——第 k 只蚂蚁在本次循环中留在路径 (i, j) 上的信息素量。

当蚂蚁 k 在本循环中经过路径 (i, j) 时，

$$\Delta\tau_{ij}^k = \frac{Q}{L_k} \tag{1-6}$$

其他情况下，$\Delta\tau_{ij}^k = 0$。

式中，Q——蚂蚁在通过的路径上循环一周时释放的信息素总量；

L_k ——第 k 只蚂蚁在本循环中走过路径的总长度。

蚁群算法流程图如图 1-2 所示。

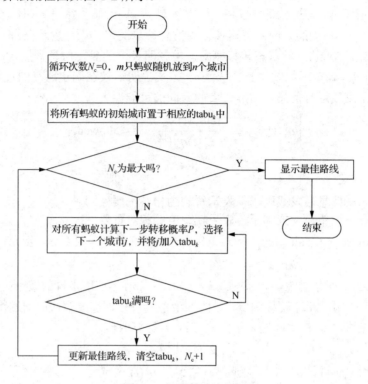

图 1-2 蚁群算法流程图

3. 蚁群算法的特点

蚁群算法是继遗传算法、模拟退火算法、人工神经网络算法等启发式搜索算法后又一种应用于优化问题的启发式随机搜索算法。它结合了分布式计算、正反馈机制贪婪式搜索。蚁群算法通过正反馈原理，在一定程度上加快了进化过程，具有很强的寻优能力；通过分布式计算避免了算法早熟收敛，而贪婪式搜索又有助于不同个体之间通过信息的不断交流和传递，达到相互协作的效果，使得在搜索过程早期找到较好的方案。

概括说来，蚁群算法的主要特点可以概括为以下几点。

（1）采用分布式控制。

（2）每个个体只能感知局部的信息。

（3）个体可以改变环境，并通过环境来进行间接通信。

（4）具有自组织性，即群体的复杂行为是通过个体的交互过程突显出来的智能。

（5）这是一类概率型的全局搜索方法，这种非确定性使算法能够有更多的机会求得全局最优解。

（6）其优化过程不依赖于优化问题本身的严格数学性质，如连续性、可导性及目标函数和约束函数的精确数学描述。

（7）是一种基于多主体（mult-agent）的智能算法，各主体之间通过相互协作更好地适应环境。

（8）具有潜在的并行性，其搜索过程不是从一点出发，而是从多个点同时进行。这种分布式多智能主体的协作过程是异步并发进行的，将在很大程度上提高整个算法的运行效率和快速反应能力。

4. 算法改进

针对基本蚁群算法容易出现早熟的缺陷，提出如下改进策略。

1）信息熵及其性质

熵最初是作为一个物理概念，由克劳修斯在热力学中提出的，用来描述物质的状态，而后被应用于多个学科领域，因此出现了玻尔兹曼熵、概率测度熵等。香农借用热力学中熵的概念提出了"信息熵"的概念，用来解决信息量化的问题。信息熵的性质如下。

（1）单峰性：对于 n 个事件，信息熵为 $H = -\sum_{i=1}^{n} P_i \log_2 P_i$，其中 P 表示事件发生的概率，可以通过求偏导数证明当 $P_1 = P_2 = \cdots = P_n = \dfrac{1}{n}$ 时，H 有极大值。

（2）对称性：n 个事件的顺序互换后的关系 $H(P_1, P_2, \cdots, P_n) = H(P_1', P_2', \cdots, P_n')$ 成立。

（3）可加性：对于相对独立的事件，其熵的和等于和的熵。

（4）非负性：$H(P_1, P_2, \cdots, P_n) \geqslant 0$。

由此可见，信息熵所描述的不是单个事件，而是有关概率系统整体概率分布状态的统计特征量。

2）改进蚁群算法

首先分析基本蚁群算法的构成：选择策略、信息素局部更新、局部最优解、全局更新得到全局最优解。由于选择策略过程中的正反馈原理会导致算法停滞，因此为了解决基本蚁群算法的过早收敛问题，从选择策略入手，控制路径上的信息素量[33]。通过引入信息熵 H，利用与算法运行过程有关的信息熵的值表示选择过程中的不确定性。控制信息熵的值来改进参数 τ，实现算法的自适应调节。当信息熵达到要求的值时，算法停止搜索，得到较好结果。

$$H(t) = -k \sum_{i=1}^{n} p_i(t) \ln p_i(t) \qquad (1\text{-}7)$$

$$p_i(t) = \frac{\tau_{ij}^{\alpha}(t)\eta_{ij}^{\beta}(t)}{\sum\limits_{s \in w_k} \tau_{is}^{\alpha}(t)\eta_{is}^{\beta}(t)} , \quad j \in w_k$$

式（1-7）中各符号代表的意义同前，其中 $p_i(t)$ 表示各路径上的信息素量占总信息素量的比例，w_k 为可行域。

由式（1-7）可以看出，在算法运行前，各路径上的信息素量相等，此时信息熵值最大；随着算法运行，某路径上的信息素浓度会发生变化，信息熵值会逐渐变小，如果不进行控制，熵值会减小到零，此时可能由于算法停滞而得到局部最优解。因此引入两个因子：

$$\alpha'(t) = \frac{H_{\max} - H(t)}{H_{\max}}, \quad \beta'(t) = 1 - \frac{H_{\max} - H(t)}{2H_{\max}}$$

式中，$\alpha'(t)$ ——小范围内选择路径的蚂蚁占总蚁群的比例；

　　　$\beta'(t)$ ——最优路径被保持的概率。

改进蚁群算法的基本流程如图 1-3 所示。

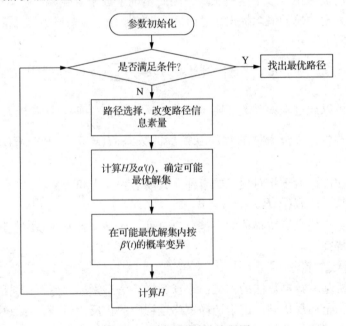

图 1-3　改进蚁群算法流程图

算法运行初期使 $\alpha'(t)$ 较小，后期较大，即增强了局部寻优能力，避免过早停滞；$\beta'(t)$ 初期较大，后期较小，增加随机性，避免早熟。

由于一些复杂问题很难确定最大迭代次数，此处以信息熵值作为停止运行准则。给定一个稍大于零的信息熵值，检测算法运行过程中熵值的变化，即当信息熵值小于给定值时，算法运行结束；反之，算法继续运行。

3）算法性能对比

下面通过对经典 TSP 中 Oliver 30 和 d1291 问题进行仿真实验，验证改进蚁群算法与基本蚁群算法的性能。两种算法都运行 10 次，每次最大迭代次数为 200。算法中各参数设置为：$\alpha = 0.2$，$\beta = 0.3$，$\rho = 0.2$，$Q = 150$，改进蚁群算法的停止运行准则为信息熵值小于或等于 0.001。

实验分别用改进蚁群算法和基本蚁群算法针对 Oliver 30 和 d1291 问题进行求解，得到的仿真结果如表 1-1 所示，进化曲线如图 1-4 和图 1-5 所示。

表 1-1　仿真结果对比

TSP	改进蚁群算法			基本蚁群算法		
	最优解	平均解	平均迭代次数	最优解	平均解	平均迭代次数
Oliver 30	423.6472	424.4861	59	423.9117	428.9525	128
d1291	50793.8162	50831.5168	71	50825.1094	50875.5165	137

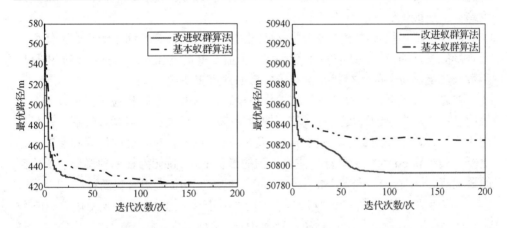

图 1-4　Oliver 30 问题进化曲线　　　　　图 1-5　d1291 问题进化曲线

从实验结果可以看出，改进蚁群算法在最优解和平均迭代次数上均较基本蚁群算法有所提高，表明经改进的算法能够搜索到更优的解，全局收敛性得到了增强。从平均解上看，改进蚁群算法也较基本蚁群算法有较大提高，表明改进蚁群算法在稳定性上也得到增强。

1.2.2　改进粒子群优化算法

1. 粒子群优化算法的基本原理

粒子群优化算法是一种基于群体智能理论的全局优化方法，通过群体中粒子间的竞争与合作关系产生的群体智能指导优化搜索。科学家们通过对蜂群、鸟群和鱼群中各成员协调运动的研究，得出其相互间没有冲撞的隐含规则。模拟试验表明，每个个体在运动过程中一直保持与其相邻个体的最优距离。一般将群体中个体之间的信息共享认为是能提供进化的优势，这就是粒子群优化算法发展过程中的中心思想。

粒子群优化算法模拟鸟群的飞行觅食行为，如一群鸟在随机搜索食物，虽然鸟不知道食物在哪里，但是它们知道目前所处位置距离食物有多远，所以搜寻目标为离食物最近的周边区域。粒子群优化算法就是从鸟群觅食行为中得到启示并用于解决优化问题。在该算法中，每个个体能够通过一定规则估计自身位置的适应度值，能够记住自己当前所找到的最佳位置，即局部最优值，还能记住鸟群中所有鸟找到的最佳位置，即全局最优。粒子群优化算法的实际简化模型便由此而来。

在粒子群优化算法中，每个个体都称为一个粒子，都存在一个速度属性（表示运动状态），使粒子在搜索空间中移动。粒子都有各自的记忆单元，记录它们以前到达过的最佳位置。全部寻优过程即各粒子按照自己及其邻域中其他粒子到达过的最优位置进行更新，从而实现各自的位置和速度的变化，进而使聚集加速过程趋于全局最优值。

在粒子群优化算法中，每个优化问题的解被当成搜索空间中的一个无体积且无质量的飞行的粒子，所有粒子都具有一个适应度值（fitness value），该值由目标函数来决定，粒子的飞行状态由粒子各自的速度来决定。

首先对粒子群优化算法进行初始化。设置群体由 m 个随机粒子组成，各个粒子通过不断对自己的速度进行调整，搜索解空间，经过迭代得到最优解。在每次迭代中，各粒子按跟踪个体极值 pbest 及全局极值 gbest 对自己的位置和速度进行更新，其中 pbest 为粒子自身目前所找到的最优解，gbest 为整个种群目前所找到的最优。同时，粒子根据如下公式对自己的速度和位置进行更新：

$$v_{id}(t+1) = \omega v_{id}(t) + c_1 r_1 [pbest_{id}(t) - x_{id}(t)] + c_2 r_2 [gbest_{id}(t) - x_{id}(t)] \quad (1-8)$$

$$x_{id}(t+1) = x_{id}(t) + v_{id}(t+1) \quad (1-9)$$

式中，i——第 i 个粒子；

　　　d——速度或位置的第 d 维；

　　　t——迭代次数，如 $v_{id}(t)$ 和 $x_{id}(t)$ 分别是第 i 个粒子（P_i）在第 t 次迭代中第 d 维的速度和位置，两者均被限制在一定的范围内；

　　　ω——惯性权重；

　　　c_1, c_2——学习因子，通常 $c_1, c_2 \in [0,4]$；

　　　r_1, r_2——[0,1) 区间内的随机数；

　　　$pbest_{id}(t)$——粒子 P_i 在第 t 次迭代中第 d 维的个体极值的坐标（个体历史最优解）；

　　　$gbest_{id}(t)$——群体在第 t 次迭代中第 d 维的全局极值的坐标（整个种群目前找到的最优解）；

$v_{id}(t+1)$ —— $v_{id}(t)$、$\mathrm{pbest}_{id}(t) - x_{id}(t)$ 和 $\mathrm{gbest}_{id}(t) - x_{id}(t)$ 矢量的和。

粒子群优化算法示意图如图 1-6 所示。

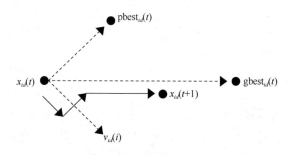

图 1-6　粒子群优化算法示意图

2. 粒子群优化算法的基本流程

粒子群优化算法的基本流程如下。

（1）粒子群初始化，包括各粒子的随机速度及位置、群体规模及最大循环次数。

（2）对各粒子的适应度值进行计算。

（3）对于各个粒子，对得到的适应度值与已经过的最佳位置的适应度值进行对比，如果得到的适应度值更好，则将该值作为粒子的个体历史最优值（pbest_{id}），即更新个体历史最佳位置。

（4）将更新得到的各粒子个体历史最优值与群体内所经历的最佳位置的适应度值进行对比，若各粒子的历史最优值更好，则将其作为当前全局最佳位置（gbest_{id}）。

（5）根据式（1-8）及式（1-9），更新粒子的位置及速度。

（6）如果不满足终止条件，则跳转至第（2）步。

终止条件通常设为达到设置的最大迭代次数，或得到一个足够好的适应度值。

3. 粒子群优化算法的特点

（1）粒子群优化算法搜索过程是从一组解迭代到另一组解，采用同时处理群体中多个个体的方法，具有并行性。

（2）粒子群优化算法的编码使用实数，可直接进行处理，无须转换，所以此算法较为简便，易于实现。

（3）粒子群优化算法的各粒子是随机移动的，对于模糊的复杂区域具有搜索能力。

（4）粒子群优化算法可以较好地平衡全局搜索能力和局部搜索能力，避免算法早熟。

（5）粒子群优化算法可使各粒子利用自身及群体经验进行不断更新，粒子的学习能力较强。

（6）粒子群优化算法中选取的初始点不影响结果的质量，保证了收敛性。

（7）粒子群优化算法用于带有离散变量的优化可以得到较好的结果，但在离散变量取整方面会出现较大的误差。

4. 算法改进

1）惯性权重的设置

对于基本粒子群优化算法，一般会根据基本经验设置惯性权重，而惯性权重对算法的性能有很大的影响。为了克服此缺点，可以从惯性权重的设置入手，在算法运行过程中对粒子及搜索模式加以控制来改进算法。

基本粒子群优化算法的进化进程由式（1-8）和式（1-9）可以看出。其中，ω对粒子搜索解空间有影响，为了减少ω带来的影响，可以将ω设为 0。此时，进化过程如下：

$$v_{id}(t+1) = c_1 r_1 [\text{pbest}_{id}(t) - x_{id}(t)] + c_2 r_2 [\text{gbest}_{id}(t) - x_{id}(t)] \qquad (1\text{-}10)$$

$$x_{id}(t+1) = x_{id}(t) + v_{id}(t+1) \qquad (1\text{-}11)$$

这样就消除了粒子本身的记忆性，能收敛到当前全局的最优位置。同时，当$p_g(t) = \text{pbest}_d = \text{gbest}_d$时，第$g$个粒子停止进化。

2）平滑函数

在搜索的过程中，通过引进平滑函数，可以继续优化当前全局所得的最优位置。引进平滑函数的思想是：在进化的某一代上，若某粒子达到结束条件停止进化，则需对此代的所有较好粒子进行基于平滑函数的一维搜索，找出目标函数值的最小解作为此代粒子进化之后的最新位置。对于那些次于此位置的粒子，可及时消除；优于此位置的粒子，可继续保持。所以，平滑函数的引进既提高了运行效率，又可准确地定位最优位置[34]。

平滑函数的构造如下：

$$F(x,\text{gbest}) = f(\text{gbest}) + 0.5\{1 - \text{sig}[f(x) - f(\text{gbest})]\} \cdot [f(x) - f(\text{gbest})] \qquad (1\text{-}12)$$

此函数具有如下性质：

（1）若$f(x) < f(\text{gbest})$，则$F(x,\text{gbest}) = f(x)$。

（2）若$f(x) \geqslant f(\text{gbest})$，则$F(x,\text{gbest}) = f(\text{gbest})$。

粒子群优化算法概念简单，具有很强的发现较好解的能力，不容易陷入局部最优。改进粒子群优化算法进一步完善，已成为解决非线性连续优化问题、组合优化问题和混合整数非线性优化问题的有效工具。

3）算法性能对比

为了验证改进粒子群优化算法的有效性，用改进粒子群优化算法求解以下约束优化问题：

$$\min f(x) = \min -(\sqrt{n})^n \prod_{i=1}^{n} x_i \qquad (1\text{-}13)$$

$$\text{s.t.} \quad h(x) = \sum_{i=1}^{n} x_i^2 - 1 = 0 \qquad (1\text{-}14)$$

式中，$0 \leqslant x_i \leqslant 1 (i=1,2,\cdots,n)$，这里取维数 $n=10$，全局最优解 $x_i^* = 1/\sqrt{n}$ $(i=1,2,\cdots,n)$，$f(x^*) = -1$。

选取 Runarsson 算法与改进粒子群优化算法进行比较；同时参与比较的还有基本粒子群优化算法，且与改进粒子群优化算法选取相同的参数：种群规模 200，$c_1 = c_2 = 2.0$，最大进化迭代次数 600。求解出最优值、平均值、最差值，计算结果如表 1-2 所示，最优解进化曲线如图 1-7 所示。

表 1-2　3 种算法计算结果比较

值类型	基本粒子群优化算法	Runarsson 算法	改进粒子群优化算法
最优值	−1.05000	−1.00000	−1.05000
平均值	−1.00023	−1.00000	−1.00620
最差值	−0.89260	−1.00000	−0.96110

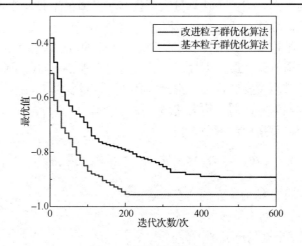

图 1-7　最优解进化曲线

由表 1-2 可以看出，改进粒子群优化算法与基本粒子群优化算法所得最优值均要优于 Runarsson 算法所得结果，在最差值与平均值方面改进粒子群优化算法要优于基本粒子群优化算法。由图 1-7 可以看出，改进粒子群优化算法的收敛速度明显快于基本粒子群优化算法。

1.3 改进蚁群算法及改进粒子群优化算法
在结构可靠性分析中的应用

1.3.1 改进蚁群算法寻找结构关键失效路径

1. 结构失效路径的确定

结构失效的定义是结构不能再按照设计要求承受外载，结构在外载的作用下变形超过规定要求。结构系统的可靠性要比电子系统和单个构件的可靠性复杂得多，确定结构的主要失效路径更是一大难题。

在一个复杂的结构中，由于结构单元较多，机动失效路径一般也较多，要想找出全部失效路径是很困难的。而且大多数失效路径出现的概率极小，所以在可靠性分析中通常仅考虑有较大出现概率的失效路径（关键失效路径）即可。因此，进行系统可靠性分析必须先找出关键失效路径。

近年来，在确定结构失效路径的研究中，分支限界法、β 限界法、窄边界法、失效树分析法及用数值积分法计算二阶和三阶联合失效概率法等都为寻找结构失效路径提供了新方法。但由于计算量大，且存在必须预先假定破坏模式等缺点，本书采用改进蚁群算法寻找结构失效路径。

对于有 n 个结构单元的结构，可求得每个单元的可靠指标 $\beta_i(i=1,2,\cdots,n)$。其中 $\beta_{\min}$ 对应的结构单元会最先失效，之后内力将会重新分布，重新修改结构刚度矩阵，计算新的节点位移和内力。继续寻找 $\beta_{\min}$，重复以上过程，直到整个结构的刚度矩阵行列式为零，即结构失效。

结构单元的可靠指标计算公式为

$$\beta_i = \frac{m_{M_i}}{\sigma_{M_i}}, \quad M_i = R_i - S_i \quad (i=1,2,\cdots,n) \tag{1-15}$$

式中，M_i ——第 i 个结构单元的安全余量；

$\quad\quad R_i$ ——第 i 个结构单元的抗力；

$\quad\quad S_i$ ——第 i 个结构单元的内力；

$\quad\quad m_{M_i}$ ——第 i 个结构单元安全余量的均值；

$\quad\quad \sigma_{M_i}$ ——第 i 个结构单元安全余量的标准差。

对于蚁群算法求解 TSP，启发信息为 $\eta_{ij}=1/d_{ij}$（d_{ij} 为城市 i 到城市 j 的距离），所以当通过改进蚁群算法寻找结构失效路径时，可以假设启发信息 $\eta_{ij}=1/\beta_{ij}$（β_{ij} 为结构单元的可靠指标）。

改进蚁群算法的步骤如下。

（1）初始化参数：$\tau_{ij}(0)=0$，$N_c=0$，时间 $t=0$，最大循环次数为 N_{cmax}，将 m 只蚂蚁放于 n 个结构单元。

（2）循环次数 $N_c=N_c+1$。

（3）在禁忌表中令 $k=1$。

（4）$k=k+1$。

（5）计算蚂蚁 k 转移概率，根据概率选择蚂蚁 k 下一步的移动方向 j，将结构单元 j 记入禁忌表。

（6）如果未完全访问所有结构单元，即 $k<n$，则跳转至第（4）步；否则跳转至第（7）步。

（7）根据式（1-4）和式（1-5）更新每条路径上的信息素量。

（8）若满足结束条件，循环结束，并输出计算结果；否则清空禁忌表，并跳转至第（2）步。

2. 算法实现

改进蚁群算法的参数设置如下。

假设结构单元数为 n，蚂蚁数为 m，迭代的最大次数为 maxT，信息素因子为 Alpha，期望因子为 Beta，信息素挥发系数为 Volatile，信息素浓度为 Q，实现的算法能够记录每次迭代的最优路径 Route_Best、最优长度 Length_Best 和平均长度 Length_Average，能够记录算法运行结束时的最优路径 Shortest_Route、最优路径长度 Shortest_Length 和算法的运行时间 Time。

改进蚁群算法的详细实现步骤如下。

（1）根据结构单元矩阵计算各结构单元的可靠指标 β_{ij}，与 TSP 中的 d_{ij} 含义类似，β 也为 $n\times n$ 的对称矩阵。

（2）根据 β 计算期望矩阵 E，$E_{ij}=1/\beta_{ij}$。

（3）设置信息素矩阵 T_p 为 $n\times n$ 的全 1 矩阵，然后设置计时器。

（4）检测迭代次数是否达到 L_{pmax}，如果达到，算法停止，否则跳转至第（5）步。

（5）将 m 只蚂蚁随机放到 n 个结构单元上，n 个结构单元节点随机产生。

（6）对每只蚂蚁找到其没有访问过的节点列表 N_v，并按照式（1-2）计算从当前节点转移到未访问的所有节点的转移概率列表 P。

（7）使用轮盘赌方法选中某个节点 j，并将节点 j 加入已访问节点列表 Y_v 中，直到所有节点全部被访问。

（8）计算所有蚂蚁走过的路径长度集合，找出其中的最小值，并找出对应此最小值的蚂蚁所走的路径。

（9）按照式（1-5）和式（1-6）计算 $\Delta\tau_{ij}(t)$。

（10）按照式（1-4）进行信息素量更新。

（11）跳转至第（4）步。

（12）停止计时，记录运行时间。

（13）记录最优路径及最优路径长度。

1.3.2　改进粒子群优化算法求解结构可靠指标

1. 数学模型

在结构可靠性分析中，结构可靠指标 β 的几何意义是在标准正态空间内，坐标原点到极限状态曲面的最短距离。

$x_1, x_2, \cdots, x_n$ 是结构中的随机变量，由这些随机变量组成的极限状态函数为

$$Z = g(x_1, x_2, \cdots, x_n) = 0 \tag{1-16}$$

将 β 看成极限状态曲面上点 $p(x_1, x_2, \cdots, x_n)$ 的函数，通过优化求解，找到 β 的最小值。

约束优化模型：

$$\begin{cases} \beta = \min f(x) = \min \sqrt{\sum_{i=1}^{n} \left(\dfrac{x_i - \mu_{x_i}}{\sigma_{x_i}} \right)^2} \\ \text{s.t.} \quad g(x_1, x_2, \cdots, x_n) = 0 \end{cases} \tag{1-17}$$

式中，μ_{x_i}, σ_{x_i} ——随机变量 x_i 的均值、标准差。

目前处理约束优化问题的主要方法有基于罚函数的约束处理方法、基于多目标优化技术的约束处理方法、混合约束处理算法等。这些方法都提出了可行解优于不可行解的原则，但都没有充分考虑约束边界的处理。本节在处理约束优化问题时构造一个阈值函数，将位于最优解附近的不可行解分为可接受的和不可接受的，通过对目标函数值的比较，在算法运行过程中保留一部分性能较好的不可行解。

不可行度及不可行度阈值函数为

$$\begin{cases} \text{IF}(x_i) = \sum_{j=1}^{m} \max(0, g_j(x_i)) \\ \varphi = \dfrac{1}{T} \sum_{i=1}^{n} \text{IF}(x_i) / N \end{cases} \tag{1-18}$$

式中，$\dfrac{1}{T}$ ——退火因子；

N ——群体规模。

不可行度 $\text{IF}(x_i)$ 代表解到可行域的距离，x_i 距离可行域越近，可行度越小，反之则越大。某一个解的不可行度小于不可行度阈值时，该解可接受，反之则该解不可接受。

2. 算法实现

粒子群优化算法的实现步骤如下。

（1）算法的可视化。为了实现粒子群优化算法的可视化，该算法分解为三大部分：粒子群的初始化过程，用 InitSwarm 表示；绘制粒子轨迹的过程，用 DrawParticleOrbit 表示；单步更新粒子的位置和速度，用 BaseStepPso 表示。一个完整的粒子群优化算法的可视化过程使用 PsoProcess()函数组合起来，算法的流程图如图 1-8 所示。

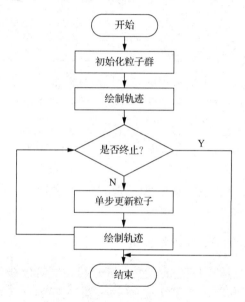

图 1-8　粒子群优化算法流程图

（2）算法中使用的数据结构。在算法实现的过程中使用矩阵 P 记录每个粒子的位置、速度与当前的适应度值。矩阵 P 的结构如表 1-3 所示。

表 1-3　矩阵 P 的结构

L_{11}	L_{12}	$\cdots$	$L_{1(D-1)}$	L_{1D}	V_{11}	V_{12}	$\cdots$	$V_{1(D-1)}$	V_{1D}	F_1
L_{21}	L_{22}	$\cdots$	$L_{2(D-1)}$	L_{2D}	V_{21}	V_{22}	$\cdots$	$V_{2(D-1)}$	V_{2D}	F_2
$\vdots$	$\vdots$	$\vdots$	$\vdots$	$\vdots$	$\vdots$	$\vdots$	$\vdots$	$\vdots$	$\vdots$	$\vdots$
$L_{(n-1)1}$	$L_{(n-1)2}$	$\cdots$	$L_{(n-1)(D-1)}$	$L_{(n-1)D}$	$V_{(n-1)1}$	$V_{(n-1)2}$	$\cdots$	$V_{(n-1)(D-1)}$	$V_{(n-1)D}$	F_{n-1}
L_{n1}	L_{n2}	$\cdots$	$L_{n(D-1)}$	L_{nD}	V_{n1}	V_{n2}	$\cdots$	$V_{n(D-1)}$	V_{nD}	F_n

在表 1-3 中，L 表示位置，V 表示速度，F 表示当前的适应度值，n 代表粒子的个数，D 代表粒子的维数，因此每行中的 L 表示一个完整的粒子位置，$ij(i=1,2,\cdots,n; j=1,2,\cdots,D)$ 表示第 i 个粒子第 j 维。V 表示粒子的速度，其表示原

理与 L 类似。F_i 表示第 i 个粒子的适应度值，通过一个适应度函数计算得到。

用矩阵 O 记录每个粒子的历史最优解（历史最高适应度）及全部粒子搜索到的全局最优解。矩阵 O 如表 1-4 所示。

表 1-4　矩阵 O 的结构

L_{11}	L_{12}	...	$L_{1(D-1)}$	L_{1D}
L_{21}	L_{22}	...	$L_{2(D-1)}$	L_{2D}
⋮	⋮	⋮	⋮	⋮
$L_{(n-1)1}$	$L_{(n-1)2}$	...	$L_{(n-1)(D-1)}$	$L_{(n-1)D}$
L_{n1}	L_{n2}	...	$L_{n(D-1)}$	L_{nD}
L_{g1}	L_{g2}	...	$L_{g(D-1)}$	L_{gD}

从表 1-4 可以看出，历史最优解与全局最优解都是粒子运行过的位置，只是粒子在这些位置能够得到好的适应度值。第 1 行是第 1 个粒子在运行过程中所能找到的个体历史最优值，相应地，第 i 行就是第 i 个粒子所能找到的个体历史最优值，表中的最后一行 $L_{gi}(1 \leqslant g \leqslant n;\ i=1,2,\cdots,D)$ 是所有粒子能够找到的全局最优解。

（3）算法运行结果。通过对算法运行结果进行分析，得出每个粒子的二维及三维运行图。

1.3.3　基于混合算法的结构可靠性分析流程

各种群智能优化算法都有自身的特点和优势，同时也都有不足之处。因此，充分利用不同算法的优势，取长补短，研究它们之间的混合算法，已成为人们关注的一个热点。

算法的混合方式主要有两种：一是将两种（或多种）算法思想结合起来，构造融合算法；二是在应用过程中，将不同的算法应用在不同的阶段，构造混合应用算法。本节主要利用蚁群算法和粒子群优化算法各自的特点，将两种算法有机结合起来，进行深层次的算法混合。

蚁群算法具有较好的全局收敛能力、强并行性及正反馈性的优点，且易于与其他方法相结合，但容易陷入局部最优；粒子群优化算法虽然具备较快的全局搜索能力，但没有较好地利用系统中的反馈信息，易形成冗余迭代。

为了更好地发挥这两种算法的优点，弥补各自的缺陷，形成优势互补，首先利用蚁群算法的强并行性及正反馈性，对问题进行前期搜索，将得到的历史最优路径转化为粒子群优化算法的粒子初始位置分布，然后利用粒子群优化算法较快的全局搜索能力，寻找到全局最优路径。这样的混合算法，在时间效率上优于蚁群算法，在求解效率上优于粒子群优化算法，形成了时间、求解效率都比较高的启发式混合算法。

　　本节的思想是首先通过改进蚁群算法找出结构的关键失效路径，在此基础上采用改进粒子群优化算法寻找最终失效路径并求解结构的可靠指标，进而对结构进行更为准确和快速的结构可靠性分析。可靠性分析流程图如图 1-9 所示。

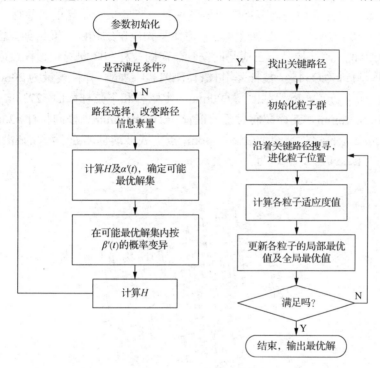

图 1-9　可靠性分析流程图

1.3.4　工程实例

1. 计算模型

　　空间桁架支撑体系是目前应用较多的玻璃幕墙支撑体系之一，它是由几个平面桁架按一定连接系统组成的一种空间体系。桁架结构能够承受作用于其平面内、外的荷载，不需要由其他结构或支撑承受和保证其稳定性或结构的安全。空间桁架的节点一般看作圆球节点，连接圆球的杆件可以通过铰中心的任意轴线转动。与平面桁架一样，两端由铰连接的直杆称为链杆，由节点和链杆组成的空间桁架的每个节点都有 3 个自由度，这种支撑结构可随着幕墙外形的变化而变化，适用性强。

　　在实际工程中，空间桁架支撑体系的点支式玻璃幕墙也存在各式各样的空间布置和形式，如方形布置、锥形布置、柱面布置、环形布置和三角形布置等。一般规则的多层、高层建筑玻璃幕墙常采用方形布置，锥形布置一般用于建筑物的屋顶，柱面布置一般用于圆形建筑和温室大棚等。为了满足建筑的要求，还有许多其他空间布置和形式，它们很难用函数式来描述风荷载作用下的最大位移。本节只选取了对称的、方形布置形式的空间桁架支撑体系点支式玻璃幕墙这一特例作为研究对象，并评估在规范挠度限值条件下点支式玻璃幕墙的可靠性。

如图 1-10 所示，点支式玻璃幕墙支撑体系为全钢结构的空间桁架，总体尺寸为 19.4m×24m。该结构是由三榀竖向钢管、横向拉杆和竖向稳定拉杆组成的空间桁架。钢管材料为 Q345，拉杆采用 1Cr18Ni9Ti 不锈钢，弹性模量为 206GPa，密度为 $7.85×10^3 kg/m^3$；桁架截面高 600mm，上弦杆和下弦杆截面 $\phi273mm×8mm$，腹杆 $\phi121mm×6mm$，支撑横向桁架的钢管 $\phi121mm×6mm$，横向拉杆 $\phi25mm$，竖向拉杆 $\phi20mm$。幕墙顶端距地面高度 30m，点支式玻璃幕墙处于浙江某沿海地区，基本风压为 $1.2kN/m^2$，粗糙度为 C 类。

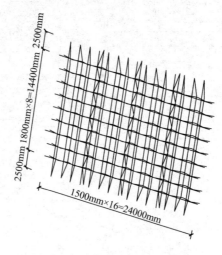

图 1-10　空间桁架支撑体系结构

按照点支式玻璃幕墙变形的最大挠度超过挠度限值为结构失效控制条件，并根据《玻璃幕墙工程技术规范》(JGJ 102—2003)规定，桁架支撑体系挠度限值 $d_{f,\lim}$ 为其跨度的 1/250，即 0.0776m。

2. 风荷载处理

风荷载不仅与风压有关，还受地面条件、高度、结构的形状等因素的影响。要确定规范风荷载的概率分布函数，首先需要确定风荷载的标准值。

当地基本风压为 $\omega_0 = 1.2kN/m^2$；风压高度变化系数 $\mu_z = 0.616(z/10)^{0.44}$；由荷载规范查得体型系数 $\mu_s = 0.8$；β_z 为风振系数。由风荷载标准值公式 $W_k = \beta_z \mu_s \mu_z \omega_0$ 可知，标准值仅是随高度 z 变化的函数，如图 1-11 所示。

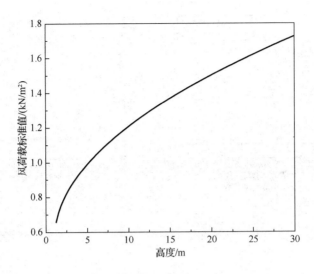

图 1-11　风荷载标准值随高度变化函数

该曲线显示，在 10～30m 高度范围内，风荷载标准值随高度近似直线变化，在高度变化 1.8m 或 2.5m（顶部和底部）单元内，标准值的变化以直线代替曲线，求解出在各单元的风荷载标准值。

3. 风荷载模拟结果及分析

1）可靠指标求解

以下分别对年最大风荷载、设计期最大风荷载、9015 号台风荷载和 9711 号台风荷载 4 种情况下的可靠指标进行求解[35-36]。采用传统方法计算时，由蒙特卡罗有限元法的递推方程组可求得各节点位移的分布特征值，进而求得各失效模式的失效概率，然后由分支限界法及 PNET（point evaluation technique）法求得结构系统的失效概率及结构可靠指标。这里在采用改进蚁群算法寻找结构关键失效路径的基础上，用改进粒子群优化算法求解结构可靠指标，极限状态函数为结构允许的最大位移，即 0.0776m。

算法的迭代过程如图 1-12 所示，为点支式玻璃幕墙在年最大风荷载、设计期最大风荷载、9015 号台风荷载和 9711 号台风荷载 4 种情况下的可靠指标求解过程曲线，利用改进粒子群优化算法求解 4 种情况下点支式玻璃幕墙的可靠指标分别为 4.75、4.06、1.77 和 1.25，失效概率分别为 0.0104、0.0121、0.0379 和 0.1033，与传统的蒙特卡罗有限元法计算结果基本一致。但采用改进粒子群优化算法求解结构可靠指标具有求解速度快、求解精度高、节省时间和易于操作等突出优点。

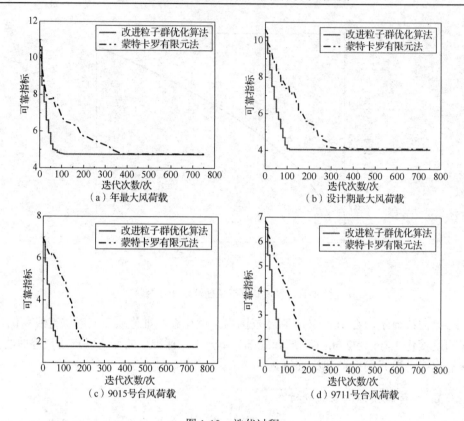

图 1-12　迭代过程

2）相同可靠性下挠度限值

仅考虑风荷载的随机性，点支式玻璃幕墙最大位移能够很好地符合极值 I 型分布。这里取 99.6%的可靠性，依据风荷载作用下的最大位移分布函数可得幕墙的挠度限值如表 1-5 所示。

表 1-5　99.6%可靠性下幕墙支撑体系挠度限值

风荷载模型	年最大风荷载	设计期最大风荷载	9015 号台风	9711 号台风
挠度限值/m	0.03596	0.05389	0.1219	0.1624

该数据表明，在规范统一规定的挠度限值条件下，对于年最大风荷载和设计期最大风荷载是偏于安全的，而在台风作用下是偏于不安全的。特别是由于气候的变化，近年来台风更加频繁，风力也更大，若仅考虑挠度的影响，按照规范设计幕墙体系，结构可靠性是偏低的。鉴于一般幕墙强风作用下可能完全破坏并可能引起危害，建议台风频繁登陆的沿海地区，在幕墙设计时应该采取提高可靠性的措施，或者适当限制大跨度幕墙体系的使用，现行点支式玻璃幕墙设计规范也急需考虑台风的影响。

小　　结

本章提出了将蚁群算法和粒子群优化算法相混合的算法，克服了蚁群算法求解速度慢和粒子群优化算法收敛速度慢的缺陷。为了解决蚁群算法的过早收敛问题，从选择策略入手，控制路径上的信息素量。引入信息熵 H，通过控制信息熵值来改进参数 τ，实现蚁群算法的自适应调节；设置惯性权重，引入平滑函数，构造阈值函数，实现粒子群优化算法解决约束优化问题的快速收敛性。

本章还就空间桁架点支式玻璃幕墙进行了抗风可靠性分析，在使用改进蚁群算法寻找主要失效路径的基础上，用改进粒子群优化算法求解结构的可靠指标，避免了传统计算方法在功能函数对随机变量求导数方面带来的复杂性难题，在计算精度和效率方面可以满足工程要求。

参 考 文 献

[1] RIZK C, ARNAOUT J P. ACO for the surgical cases assignment problem[J]. Journal of medical systems, 2012, 36(3): 1891-1899.

[2] KANAN H R, FAEZ K. An improved feature selection method based on ant colony optimization (ACO) evaluated on face recognition system[J]. Applied mathematics and computation, 2008, 205(2): 716-725.

[3] 杨洁, 杨胜, 曾庆光, 等. 基于信息素强度的蚁群算法[J]. 计算机应用, 2009, 29（3）：84-86.

[4] KARABOGA N, KALINLI A, KARABOGA D. Designing digital IIR filters using ant colony optimization algorithm[J]. Engineering applications of artificial intelligence, 2004, 17(3): 301-309.

[5] 孙凯, 吴红星, 王浩, 等. 蚁群与粒子群混合算法求解 TSP 问题[J]. 计算机工程与应用, 2012, 48（34）：60-63.

[6] 柴宝杰, 刘大为. 基于粒子群优化的蚁群算法在 TSP 中的应用[J]. 计算机仿真, 2009, 26（8）：89-91.

[7] 刘勇, 刘念, 刘孙俊. 一种基于免疫蚁群混合算法的 TSP 求解模型[J]. 四川大学学报（工程科学版）, 2010, 42（3）：121-126.

[8] 许殿, 史小卫, 程睿. 回归蚁群算法[J]. 西安电子科技大学学报（自然科学版）, 2005, 32（6）：944-947.

[9] 刘心报, 叶强, 刘林, 等. 分支蚁群动态扰动算法求解 TSP 问题[J]. 中国管理科学, 2005, 13（6）：57-63.

[10] 李颖浩, 郭瑞鹏. 求解机组组合问题的多种群混沌蚁群算法[J]. 电力系统保护与控制, 2012, 40（9）：13-17.

[11] HOLTHAUS O, RAJENDRAN C. A fast ant-colony algorithm for single-machine scheduling to minimize the sum of weighted tardiness of jobs[J]. Journal of the operational research society, 2005, 56(8): 947-953.

[12] SOCHA K, DORIGO M. Ant colony optimization for continuous domains[J]. European journal operational research, 2008, 185(3): 1155-1173.

[13] 李士勇, 王青. 求解连续空间优化问题的扩展粒子蚁群算法[J]. 测试技术学报, 2009, 23（4）：319-325.

[14] 张卓群, 李宏男, 黄连壮. 基于蚁群算法的结构拓扑优化方法[J]. 应用力学学报, 2011, 28（3）：226-231.

[15] 张程恩, 潘保芝, 刘倩茹, 等. 改进蚁群聚类算法在火山岩岩性识别中的应用[J]. 测井技术, 2012, 36（4）：378-381.

[16] 周建新, 杨卫东, 李擎. 改进蚁群神经网络及其在滞后系统中的应用[J]. 控制工程, 2010, 17（1）：59-63.

[17] GALZINA V, LUJIC R, SARIC T. Adaptive fuzzy particle swarm optimization for flow-shop scheduling problem[J]. Technical gazette, 2012, 19(1): 151-157.

[18] URADE H S, PATEL R. Dynamic particle swarm optimization to solve multi-objective optimization problem[J]. Procardia technology, 2012, 6: 283-290.

[19] LIU Q, WANG C E. A discrete particles swarm optimization algorithm for rectilinear branch pipe routing[J]. Assembly automation, 2011, 31(4): 363-368.

[20] LINS I D, MOURE M, ZIO E, et al. A particle swarm-optimized support vector machine for reliability prediction[J]. Quality and reliability engineering, 2012, 28(2): 141-158.

[21] HENDLASS T. Preserving diversity in particle swarm optimization[M]. Lecture notes in computer science. Berlin: Springer, 2003, 2718: 31-40.

[22] WANG K P, HUANG L, ZHOU C G. Particle swarm optimization for traveling salesman problem[C]//Proceedings of the 2003 International conference on machine learning and cybernetics. IEEE, 2003, 19(3): 1583-1585.

[23] 王正武, 罗大庸, 黄中祥. 线控系统协调优化模型及其改进粒子群算法研究[J]. 系统工程理论与实践, 2007, 27 (10): 165-171.

[24] 贾善坡, 伍国军, 陈卫忠, 等. 基于粒子群算法与混合罚函数法的有限元优化反演模型及应用[J]. 岩土力学, 2011, 32 (增刊 2): 598-603.

[25] 倪绍虎, 肖明, 王继伟. 改进粒子群算法在地下工程反分析中的运用[J]. 武汉大学学报 (工学版), 2009, 42 (3): 326-330.

[26] 于繁华, 刘寒冰. 基于支持向量机和粒子群算法的结构损伤识别[J]. 吉林大学学报 (工学版), 2008, 38 (2): 434-438.

[27] 郑严, 程文明, 程跃, 等. 粒子群算法在结构非概率可靠性优化中的应用[J]. 西南交通大学学报, 2011, 46 (5): 847-852.

[28] GAJPAL Y, RAJENDRAN C. An ant-colony optimization algorithm for minimizing the completion-time variance of jobs in flowshops[J]. International journal of production economics, 2006, 101(2): 259-272.

[29] AHUJA A, PAHWA A. Using ant colony optimization for loss minimization in distribution networks[C]//Proceedings of the 37th annual north american power symposium. IEEE, 2005:470-474.

[30] LIN W D, CAI T X. Ant colony optimization for VRP and mail delivery problem[C]//2006 4th IEEE international conference on industrial informatics. IEEE, 2006: 1143-1148.

[31] 周书敬, 李慧敏. 一种变系数的自适应蚂蚁算法[J]. 数学的实践与认识, 2008, 38 (12): 66-71.

[32] 刘振. 蚁群算法的性能分析及其应用[D]. 广州: 华南理工大学, 2010.

[33] LI Y C, LI W Q. Adaptive ant colony optimization algorithm based on information entropy: foundation and application[J]. Fundamenta informaticae, 2007, 77(3): 229-242.

[34] 魏静萱, 王宇平. 求解约束优化问题的改进粒子群算法[J]. 系统工程与电子技术, 2008, 30 (40): 739-742.

[35] 欧进萍, 段忠东, 常亮. 中国东南沿海重点城市台风危险性分析[J]. 自然灾害学报, 2002, 11 (4): 9-17.

[36] 庞加斌, 林志兴, 葛耀君. 浦东地区近地强风特性观测研究[J]. 流体力学实验与测量, 2002, 16 (3): 32-39.

第 2 章　基于萤火虫算法的结构可靠性分析

萤火虫算法（firefly algorithm，FA）是由学者 Yang Xin-She 于 2008 年提出的一种新颖的群智能随机优化算法。该算法模拟自然界野生的萤火虫种群依靠发出荧光的方式来交换信息（如觅食、寻偶、警戒等）的生活习性，通过对比萤火虫个体所发出的荧光亮度和各自的吸引度来决定其移动方向的机制寻求全局最优解。

2.1　萤火虫算法

自然界现存的野生萤火虫种类有 2000 多种，大多数萤火虫通过发出荧光的方式传递某种信息，但发光目的却大不相同[1]。到目前为止，学者关于萤火虫发光原因的探讨仍然未能达成统一，主要有以下两种观点：一部分学者认为，发光的目的是选择配偶，利用所发出的荧光吸引异性，完成求偶及种族的繁衍；另一部分学者认为，萤火虫发光的目的是传递某种信息，如觅食、警戒、工作分配等。

2.1.1　萤火虫算法的基本原理

萤火虫算法的寻优基本原理是对比萤火虫个体的荧光亮度，萤火虫彼此相互吸引并移向亮度较高、吸引度较强的萤火虫个体，最终完成目标萤火虫个体位置的更新，达到寻找全局最优解的目的[2]。

萤火虫个体的移动能力主要取决于萤火虫个体所发出的荧光亮度及与荧光亮度相关的吸引度两个关键因素[3]。其中，荧光亮度与萤火虫个体所处的位置紧密相关，位置越好，荧光亮度越高。萤火虫个体的吸引度与该个体所发出的荧光亮度有关，荧光亮度越高，吸引度就越大。在萤火虫算法中，如果萤火虫个体的感知范围内存在优秀个体，则萤火虫个体向其移动，否则，萤火虫个体将在其本身的位置上保持静止。

2.1.2　萤火虫算法的数学模型

萤火虫算法的数学模型是将目标函数解空间中的每一个有效解都模拟成一个

萤火虫个体，并且每个萤火虫个体都有各自的荧光亮度及有效的感知范围。其中，萤火虫个体的荧光亮度可以用来衡量萤火虫个体所处位置的优劣，也就是有效解的优劣。萤火虫个体在其自身的有效搜索范围内寻找比它更加优秀的个体并向其移动。

基本萤火虫算法的数学模型描述如下。

定义 1　萤火虫的荧光亮度为

$$I(r) = I_0 \times \mathrm{e}^{-\gamma r_{ij}} \tag{2-1}$$

式中，I_0——萤火虫的最大荧光亮度；

　　　　γ——光强吸收系数；

　　　　r_{ij}——萤火虫 i 和 j 之间的空间距离。

定义 2　萤火虫的吸引度为

$$\beta(r) = \beta_0 \times \mathrm{e}^{-\gamma r_{ij}^2} \tag{2-2}$$

式中，β_0——最大吸引度。

定义 3　位置更新公式为

$$x_{i+1} = x_i + \beta(x_j - x_i) + \alpha(\mathrm{rand} - 1/2) \tag{2-3}$$

式中，x_i, x_j——萤火虫 i 和 j 的所在位置；

　　　　α——步长因子，一般设为常数，且在[0,1]内取值；

　　　　rand——[0,1]上服从均匀分布的随机因子。

综上所述，可知寻优过程如下。

（1）解空间初始化，设置相关参数：萤火虫个体总量 m，光强吸收系数 γ，最大吸引度 β_0，随机步长 α，最大迭代次数 MaxT。

（2）萤火虫位置初始化：随机选择可行解空间的初始解，并将初始解设置为一个萤火虫个体，重复此操作，设置每一个初始解。

（3）依据式（2-1）计算移动位置后萤火虫的荧光亮度，依据式（2-2）计算移动位置后萤火虫的相对吸引度，依据式（2-3）计算移动位置后萤火虫的最新位置。

（4）如果满足算法停止准则，则停止；如果不满足，则转入第（3）步，继续下一次循环，且迭代次数+1。

（5）输出全局最优解 Gbest 且结束算法。

由上述内容可知，基本萤火虫算法的寻优流程图如图 2-1 所示。

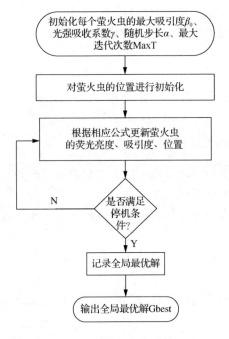

图 2-1　基本萤火虫算法流程图

2.1.3　萤火虫算法的特点

　　萤火虫算法中的每一个萤火虫个体都代表着目标函数解空间中的一个有效解，且萤火虫种群的数量与函数解空间中解的数量相等。萤火虫智能优化算法中每个萤火虫个体的感知范围决定了萤火虫个体只能在自己的有效感知范围内搜索比自己更加优秀的个体并向其移动，且感知半径越大搜索能力越强，由该萤火虫代表的解更加优秀。

　　由萤火虫算法的寻优机制可知，萤火虫个体经过指定次数的位置迭代后，会分别聚集在一定范围内的某个萤火虫个体所在的位置附近，这些位置上的萤火虫个体就代表着目标函数的局部最优解，而所有局部最优解中的最优解就是目标函数的最终全局最优解。因此，萤火虫算法不仅能够优化单峰函数的最优值求解问题，也可以优化多峰函数的最优值求解问题[4]。

　　基本萤火虫算法在寻求全局最优解及在求解 NP-hard（non-deterministic polynomial hard，非确定性多项式难题，NP 难题）问题上具有巨大的优势和潜力，但算法本身也存在一些缺陷[5]。

　　萤火虫算法的搜索策略是萤火虫个体在有效的感知范围内感知比其更为优秀的萤火虫个体所在位置，然后向其移动，并不断重复上述过程，直到发现最优解或者达到设置的迭代次数阈值，萤火虫个体就会停止搜索，算法就会停止运行。

这种搜索策略虽然能够找到部分最优解，但是不能充分发挥萤火虫个体的搜索能力，获取周围信息的能力较弱，影响了萤火虫算法的整体搜索性能，极容易造成多个局部最优萤火虫个体出现。

2.2　改进萤火虫算法

2.2.1　萤火虫算法的改进原理

针对上述基本萤火虫算法存在的缺点，对其进行改进。改进的算法在运行计算过程中满足如下基本假设[6]。

（1）算法中的萤火虫个体没有质量，忽略体积大小，视为目标函数解空间中的一个点。

（2）算法中的萤火虫个体不分雌雄，视为同类个体，且萤火虫个体间可以彼此互相吸引。

（3）萤火虫个体的吸引度与其发出的荧光亮度及萤火虫个体彼此间的无障碍距离相关。

（4）移动到一起的萤火虫的荧光亮度不叠加，该位置的荧光亮度按荧光亮度最大的萤火虫个体计算，并进行下一次吸引、移动。

（5）萤火虫个体的荧光亮度取决于目标函数解空间中有效解的优劣，萤火虫种群的数量取决于目标函数解空间中有效解的个数。

（6）停机准则：①达到迭代阈值；②搜索到全局最大值，无法继续向下一个有效位置移动。

为了避免萤火虫算法出现停滞现象，减少陷于局部最优的可能，在萤火虫位置初始化时，利用立方映射公式（2-4）[7]产生 m 个萤火虫个体，再应用式（2-5）将这 m 个萤火虫个体的当前位置映射到萤火虫种群的搜索空间。

$$y(n+1) = 4y(n)^3 - 3y(n) \quad (-1 \leqslant y(n) \leqslant 1; \ n = 0,1,2,\cdots) \quad (2\text{-}4)$$

$$x_{id} = L_d + (1 + y_{id})\frac{U_d - L_d}{2} \quad (2\text{-}5)$$

式中，U_d——搜索空间第 d 维的上限；

　　　L_d——搜索空间第 d 维的下限；

　　　y_{id}——第 i 个萤火虫的第 d 维坐标；

　　　x_{id}——第 i 个萤火虫在搜索空间第 d 维的坐标。

在此基础上，设置一个迭代阈值 Np，然后进行全局搜索，每当迭代次数达到 Np 就根据当前搜索到的最优解进行局部搜索，利用式（2-6）产生 ps 个新的萤火虫个体。然后用新生成的 ps 个萤火虫个体随机替换种群中的 ps 个原萤火虫个体，形成新的萤火虫种群。

$$\begin{cases} y_{11} = \text{Gbest} \cdot \text{rand}(\text{ps}, d) \\ y_{i+1,j} = 4y_{i,j}^3 - 3y_{i,j} \end{cases} \tag{2-6}$$

式中，$y_{i,j}$ ——新生成萤火虫的位置；

　　　ps ——新生成萤火虫的数目；

　　　d ——维数。

由式（2-6）可知，新产生的 ps 个萤火虫个体会在搜索到的全局最优解的四周随机分布，使全局搜索和局部探索在全局最优位置处得到平衡。然后针对每一个最优解，根据式（2-7）做高斯扰动[8]，最后根据式（2-8）求解全局最优解 Gbest。

$$\text{NGbest} = \text{Gbest}(1 + \text{Gaussian}(\sigma)) \tag{2-7}$$

式中，NGbest ——扰动后的位置；

　　　Gaussian(σ) ——高斯函数。

$$\text{Gbest}^{t+1} = \begin{cases} \text{NGbest}^t, & f(\text{NGbest}^t) < f(\text{Gbest}^t) \\ \text{Gbest}^t, & \text{其他} \end{cases} \tag{2-8}$$

2.2.2　改进萤火虫算法的寻优流程

结合前述内容，对改进萤火虫算法的优化过程进行整理和归纳，对寻优的过程进行排序，得出寻优流程如下。

（1）解空间初始化：萤火虫总量 m，荧光强度吸收系数 γ，萤火虫个体最大吸引度 β_0，最大迭代次数 MaxT。

（2）萤火虫位置初始化：选择综合表现优秀的萤火虫个体设置为实践案例中可行解空间的初始个体。

（3）依据式（2-1）重新计算移动后萤火虫的荧光亮度，依据式（2-2）重新计算移动后萤火虫的吸引度，依据式（2-3）重新计算移动后萤火虫的最新位置。

（4）如果迭代次数没有达到 MaxT，则直接进入第（5）步，如果迭代次数达到 MaxT，进入动态种群搜索状态：①根据式（2-4）产生 ps 个新个体；②用新产生的 ps 个萤火虫个体随机替换种群中的 ps 个原萤火虫个体；③计算替换后每只萤火虫所在新位置对应的目标函数值 $f(t_i, c_i, q_i, s_i)$；④记录全局最优值。

（5）根据式（2-7）对全局最优值进行扰动，根据式（2-8）更新全局最优值。

（6）如果满足算法停机准则，则停止；否则，转入第（3）步，继续循环，迭代次数+1。

（7）输出 Gbest 算法结束。

综上可知，改进萤火虫算法寻优流程图如图 2-2 所示。

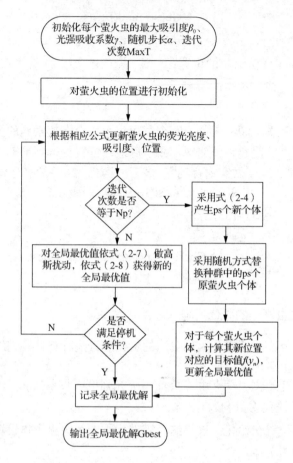

图 2-2　改进萤火虫算法寻优流程图

2.2.3　改进萤火虫算法的性能分析

一般情况下，主要采用标准测试函数做数值仿真实验的方法对算法的性能进行评估，通过对比模拟数据判断算法性能的优劣[9]。本小节选用典型的 TSP 数值模拟实验对改进萤火虫算法的性能进行测试评估[10]。

TSP 可以简单概括为一个商人在一次旅行中需要途径多个城市最终返回到出发的城市，且沿途经过的所有城市只能经过一次，要求该商人选出一条路线最短的路径。雷玉梅针对大型 TSP 中最小规模回路的排除和计算路径长度的问题，提出了基于改进遗传算法的 TSP 求解方案，在实际案例的路径规划方面取得了重大突破[11]。王勇臻等针对 TSP 的求解提出了一种离散型细菌觅食（discrete bacteria foraging optimization，DBFO）算法并取得了良好效果[12]。

本小节选取 3 个典型的 TSP（Berlin52、Pr107、D1198）进行求解。然后，将改进萤火虫算法的优化求解结果与基本蚁群算法、基本粒子群优化算法、基本萤火虫算法的优化求解结果进行对比，并进行算法工作性能的对比分析。算法基本参数为种群规模 200，最大迭代次数 600。计算结果如表 2-1 所示。

表 2-1　各算法的计算结果

TSP	基本蚁群算法		基本粒子群优化算法		基本萤火虫算法		改进萤火虫算法	
	迭代次数	最短路径	迭代次数	最短路径	迭代次数	最短路径	迭代次数	最短路径
Berlin52	510	7712	460	7558	290	7542	252	7537
Pr107	550	44686	405	44385	330	44283	308	44262
D1198	560	36313	240	30197	370	35796	200	25790

从表 2-1 可看出，基本蚁群算法和基本粒子群优化算法的寻优收敛速度慢，易于陷入局部极值解，且计算结果精度低。基本萤火虫算法较为理想，虽然计算结果较最优值存在一定误差，但克服了早熟的缺陷。改进萤火虫算法具备了较强的局部寻优能力，搜索范围更具全面性，有效避免了局部停滞的发生，在收敛速度和迭代次数上都优于基本萤火虫算法。图 2-3 所示为针对测试函数的 4 种算法迭代次数和最优值的关系曲线。

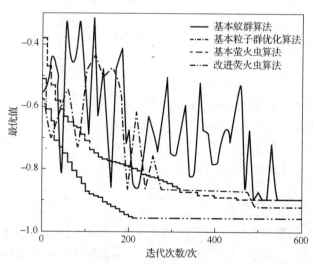

图 2-3　4 种算法迭代次数和最优值的关系曲线

2.3　改进萤火虫算法在结构可靠性分析中的应用

钢拉索点支式玻璃幕墙是对支撑体系中的钢索施加预应力，通过钢索、支撑杆、固定装置之间的相互作用来维持整个结构体系的稳定。与传统的玻璃幕墙结构支撑体系相比，钢拉索点支式玻璃幕墙属于典型的非线性结构，应当通过非线性理论对其进行结构动力学分析[13]。

2.3.1　改进萤火虫算法求解结构可靠指标

结构可靠性分析的目的主要是针对建筑结构的可靠指标进行优化计算。一般情况下，建筑结构的可靠指标的计算过程可以大致分为以下几个具体步骤。

首先，应当结合可靠指标的几何意义与结构风工程中的相关概念，对钢拉索点支式玻璃幕墙结构支撑体系进行适当的简化，并建立风振计算的等效模型。

然后，根据等概率的基本原则将非正态随机变量转化为标准的正态随机变量，并依据可靠指标的需求建立基于标准正态空间的极限状态方程。

最后，以极限状态方程为约束，通过改进萤火虫算法对极限状态曲面到远点的最短距离进行搜索，最终求得可靠指标。

近年来，随着结构可靠性的相关研究的迅速发展，可靠指标的计算方法也得到了扩展和延伸。学者们提出的 β 限界法等方法在工程设计上得到了广泛的应用和发展。这里采用改进萤火虫算法对钢拉索点支式玻璃幕墙结构的可靠指标进行全局性的寻找和探索。

结构单元的可靠指标计算公式为

$$\begin{cases} \beta_i = \dfrac{m_{M_i}}{\sigma_{M_i}} & (i=1,2,\cdots,n) \\ M_i = R_i - S_i \end{cases} \tag{2-9}$$

式中，M_i ——第 i 个工作单元的安全余量；

R_i ——第 i 个工作单元的抗力；

S_i ——第 i 个工作单元的内力；

m_{M_i} ——安全余量的均值；

σ_{M_i} ——安全余量的标准差。

1. 可靠指标求解模型

设 U 为 n 维标准正态空间 Ω 内的某个向量，$S(u_1,u_2,\cdots,u_n)$ 为该空间内的某个极限状态曲面，$x_1,x_2,\cdots,x_n$ 为该空间内的独立非正态分布随机变量，可知，极限状态方程可以表示为

$$Z = g(x_1,x_2,\cdots,x_n) = 0 \tag{2-10}$$

将非正态分布随机变量映射到标准正态分布的空间后，搜索极限状态曲面到原点的最小距离的问题就可以顺利转化为求解极限状态方程约束的优化问题，即

$$\begin{cases} \beta = \min f(x) = \min \sqrt{\displaystyle\sum_{i=1}^{n}\left(\dfrac{x_i - \mu_{x_i}}{\sigma_{x_i}}\right)^2} \\ \text{s.t.}\quad g(x_1,x_2,\cdots,x_n) = 0 \end{cases} \tag{2-11}$$

式中，　μ_{x_i} —— x_i 的标准差；

　　　　σ_{x_i} —— x_i 的平均值。

在处理极限状态函数的约束优化问题时构造了一个界限阈值函数，对位于解空间中最优解附近的那些不满足约束条件的变量进行分类，取值分为可行解和不可行解两大类。

不可行解和不可行度界限函数为

$$\begin{cases} \mathrm{IF}(x_i) = \sum_{j=1}^{m} \max(0, g_j(x_i)) \\ \phi = \dfrac{1}{T} \sum_{i=1}^{n} \mathrm{IF}(x_i) / N \end{cases} \tag{2-12}$$

式中，　$\dfrac{1}{T}$ —— 退火因子；

　　　　N —— 群体规模。

2. 基于改进萤火虫算法的可靠性分析流程

相对于传统的数值模拟优化分析方法，近年来迅速崛起的仿生智能优化算法得到了更多学者和科学家们的广泛青睐。

本节首先将混沌理论中较常用的初始解分布原理应用到算法的改进中，通过立方映射公式改进初始解的离散分布能力；然后，对陷入局部最优的目标解通过公式进行高斯扰动，以扩大其搜索范围，这样就能够让目标解避免早熟，更好地在全局范围内寻找最优解，提高寻找最优解的能力。

将基于改进萤火虫算法的钢拉索点支式玻璃幕墙支撑结构体系的风振可靠性分析分为以下几个步骤。

（1）结合钢拉索点支式玻璃幕墙的基本设计理论及钢拉索结构在施工过程中的重点注意事项，对其支撑体系进行适当的简化，得出简化等效计算模型。

（2）结合可靠指标的几何意义与结构风工程中的相关概念，对钢拉索点支式玻璃幕墙结构支撑体系的简化等效计算模型施加脉动风荷载，并建立风振计算的简化等效模型。

（3）根据等概率原则将非正态随机变量转化为标准正态随机变量，建立基于标准正态空间的极限状态方程。

（4）以极限状态方程为约束，通过改进萤火虫算法对极限状态曲面到远点的最短距离进行搜索，最终求得可靠指标。

（5）对计算所得的可靠指标展开分析，即依据计算所得的可靠指标的大小，对钢拉索点支式玻璃幕墙的可靠性进行分析，得出结论。

2.3.2 工程实例

1. 工程案例

处于 B 类地区的某高层建筑外围采用玻璃幕墙结构,幕墙的结构形状为矩形,且采用幕墙四边全围护的结构支撑方式,玻璃面板使用加强钢化玻璃,每片玻璃

厚 12mm,长宽比为 1,如图 2-4 所示。本例所选用的玻璃幕墙支撑体系是自平衡钢拉索点支式玻璃幕墙支撑体系。该支撑体系是由钢拉索、钢拉杆、连接件及锚固件等通过拼接、连接、组装等过程有机组合而形成的空间支撑结构。该空间结构总体尺寸为 24m×24m,横向尺寸为 8m×3m,纵向尺寸为 8m×3m,钢拉索采用直径 12mm 的钢绞线。幕墙顶端距地面高度 40m,钢拉杆高 200mm,拉杆采用 1Cr18Ni9Ti 不锈钢,密度为 $7.85×10^3\text{kg/m}^3$,弹性模量为 206GPa。该钢拉索点支式玻璃幕墙处于东南某沿海地区。

图 2-4　钢拉索点支式玻璃幕墙支撑体系结构

在工程实例中,当钢拉索点支式玻璃幕墙变形的最大挠度值超过挠度限值时,幕墙结构进入失效状态。根据我国相关标准中的规定,索杆支撑体系挠度限值 $d_{f,\text{lim}}$ 为其跨度的 1/250,即 0.0776m。

本例建立的以目标可靠指标为基础的实用抗风设计公式如下:

$$\gamma_w S_k \le \frac{1}{\gamma_k} R_k \tag{2-13}$$

式中,γ_w, γ_k——风荷载和强度分项系数;

S_k, R_k——风荷载效应和强度的标准值。

2. 风荷载处理

风荷载除了与风压有直接的关系,还与地面条件、结构高度、结构形状等其他因素有着或多或少的间接关系。风荷载标准值可以由公式 $W_k = \beta_z \mu_z \mu_s \omega_0$ 求得,查阅当地自然风特性可知当地基本风压 $\omega_0 = 1.2\text{kN/m}^2$,风压高度变化系数 $\mu_z = 0.616(z/10)^{0.44}$,由荷载规范查得体型系数 $\mu_s = 0.8$,β_z 依据公式 $\beta_z = 1+$

$\xi\lambda_{G}\dfrac{\phi_{G_1}(z)}{\mu_z(z)}$ 计算。标准值仅是随高度 z 变化的函数，如图 2-5 所示。

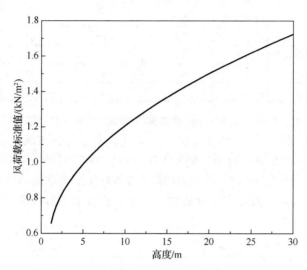

图 2-5　风荷载标准值随高度变化函数

由图 2-5 可知，风荷载标准值在 1.8～2.5m 的范围内随高度的变化成几何倍数增加，为非线性关系，而风荷载标准值在 10～30m 的有效高度范围内可视为随高度的增加而线性等比例增加。

3. 风荷载模拟结果及分析

本小节采用蒙特卡罗有限元法、基本粒子群优化算法、基本遗传算法、基本萤火虫算法及改进萤火虫算法分别对年最大风荷载、设计期最大风荷载、不同台风荷载 4 种情况下的可靠指标进行求解。

采用传统的计算方法时，由蒙特卡罗有限元法的递推方程组可求得各节点位移的分布特征，然后依据 PNET 法可以求得结构系统的失效概率及结构可靠指标。

采用群智能仿生优化算法时，首先设置各算法的基本参数，如最大迭代次数为 800 次、初始种群数量为 400 种等，然后分别针对基本粒子群优化算法、基本遗传算法、基本萤火虫算法和改进萤火虫算法的特性，对不同风荷载作用下的可靠指标进行优化计算，计算结果如表 2-2 所示。

表 2-2 不同方法计算的可靠指标

风荷载/（kN/m²）	蒙特卡罗有限元法	基本粒子群优化算法	基本遗传算法	基本萤火虫算法	改进萤火虫算法
年最大风荷载	4.60	4.55	4.65	4.63	4.62
设计期最大风荷载	4.30	4.28	4.35	4.31	4.02
1 号台风	1.95	1.88	1.89	1.92	1.91
2 号台风	1.44	1.50	1.40	1.39	1.25

图 2-6 所示为本例所选玻璃幕墙结构在蒙特卡罗有限元法和改进萤火虫算法的寻优迭代过程曲线图，其中图（a）为年最大风荷载作用下两种算法的可靠指标求解过程曲线图；图（b）为设计期最大风荷载作用下两种算法的可靠指标求解过程曲线图；图（c）为 1 号台风荷载作用下两种算法的可靠指标求解过程曲线图；图（d）为 2 号台风荷载作用下两种算法的可靠指标求解过程曲线图。

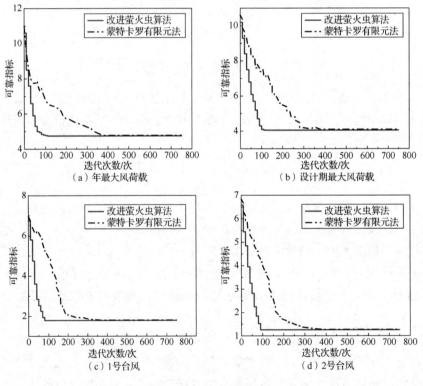

图 2-6 迭代过程曲线图

由表 2-2 和图 2-6 可以看出利用改进萤火虫算法求解 4 种情况下点支式玻璃幕墙的可靠指标分别为 4.62、4.02、1.91 和 1.25。虽然改进萤火虫算法与传统的蒙特卡罗有限元法的计算结果大致相同，但采用改进萤火虫算法求解结构可靠指标具有收敛速度快、迭代次数少和易于操作等优点。

小　结

钢拉索点支式玻璃幕墙的支撑体系形式复杂多样，与一般结构存在较大区别，风振可靠性的分析方法较传统的分析方法也不相同。本章尝试使用改进萤火虫算法对幕墙结构的可靠指标进行求解，通过工程实例证明该方法可取得较为满意的结果，为结构可靠性分析和求解找到一种新颖的方法和思路。

参 考 文 献

[1] RAHMANI A, MIRHASSAN S A. A hybrid firefly-genetic algorithm for the capacitated facility location problems[J]. Information sciences, 2014, 238: 70-78.

[2] FISTER I, FISTER I, JR, YANG X S, et al. A comprehensive review of firefly algorithms[J]. Swarm and evolutionary computation, 2013, 13: 34-46.

[3] KAVOUSI-FARD A, SAMET H, MARZBANI F. A new hybrid modified firefly algorithm and support vector regression model for accurate short term load forecasting[J]. Expert systems with applications, 2014, 41(13): 6047-6056.

[4] 郁书好, 杨善林, 苏守宝. 一种改进的变步长萤火虫优化算法[J]. 小型微型计算机系统, 2014, 35(6): 1396-1400.

[5] 顾桓瑜, 石磊, 郭俊廷. 基于改进萤火虫算法的云计算负载均衡研究[J]. 大连交通大学学报, 2015, 36(6): 107-116.

[6] 陈海东, 庄平, 夏建矿. 基于改进萤火虫算法的分布式电源优化配置[J]. 电力系统维护与控制, 2016, 44(1): 149-154.

[7] 李明富, 马建华, 张玉彦, 等. 基于离散萤火虫算法的自由曲面测量序列规划[J]. 计算机集成制造系统, 2014, 20(11): 2719-2727.

[8] 王晓新, 陈磊. 基于高斯过程的萤火虫算法及其在板料成形优化设计中的应用[J]. 锻压技术. 2015, 40(12): 26-34.

[9] 张敬敏, 马丽, 李媛媛. 求解 TSP 问题的改进混合蛙跳算法[J]. 计算机工程与应用, 2012, 48(11): 47-50.

[10] 郭小燕, 王联国, 代永强. 基于分段混合蛙跳算法的旅行商问题求解[J]. 计算机工程, 2014(1): 191-194, 198.

[11] 雷玉梅. 基于改进遗传算法的大规模 TSP 问题求解方案[J]. 计算机与现代化, 2015(2): 55-61.

[12] 王勇臻, 陈燕, 李桃迎. 离散型细菌觅食算法求解 TSP 问题[J]. 计算机应用研究, 2014, 31(12): 3642-3645, 3650.

[13] 金巾, 包亦望, 万德田, 等. 基于突变理论与模糊集的玻璃幕墙安全可靠性评价[J]. 建筑科学, 2010, 26(9): 54-56, 61.

第3章 基于细菌觅食优化算法的结构可靠性分析

细菌觅食优化（bacteria foraging optimization，BFO）算法是 Passino 于 2002 年提出的一种基于细菌觅食行为的智能随机搜索算法[1]。细菌觅食优化算法通过 4 步基本操作实现最优解位置的确定。本章将对细菌觅食优化算法的基本原理及其改进方法进行详细介绍，并验证改进方法的可行性。

3.1 基本细菌觅食优化算法

人体肠道内分布着大量大肠埃希菌，人们对它的研究比较深入。大肠埃希菌同其他微生物一样，表面遍布着纤毛和鞭毛。其中，纤毛是细菌感受其他菌体所传递信息的细胞器，细菌能够控制纤毛能动地选择信息；而鞭毛的作用是使细菌移动。另外，大肠埃希菌自身的控制系统会指挥细菌朝着食物源丰富的区域前进，且在行进过程中能够避开有害物质。大肠埃希菌的每一次移动都会对下一次移动产生影响。

Passino 受到大肠埃希菌这一生物学行为的启发，在细菌觅食行为特性的基础上引入数学理论，经过不断修改、调整和仿真实验，最终提出细菌觅食优化算法。

3.1.1 细菌觅食优化算法的基本原理

细菌觅食优化算法寻优的基本操作步骤有 4 步，分别为趋向、复制、迁徙及聚集操作[2-3]。细菌个体通过这些操作最终确定最优值的位置。

假设要求解 $J(\theta)$ 的最小值，其中 $\theta \in \mathbf{R}^p$，且梯度 $\nabla J(\theta)$ 无法测量或分析描述。细菌觅食优化算法通过 4 个主要操作：趋向、复制、迁徙和聚集，解决了此类优化问题。在细菌觅食优化算法中，全部细菌个体都能够视为寻找函数最优值的测试解。细菌觅食优化算法为了方便细菌个体行为与数学结合，规定了细菌行为的定义：j 表示趋向性操作，k 表示复制操作，l 表示迁徙操作。同时，令

p：搜索空间的维数；

S：细菌种群大小；

N_c：细菌进行趋向性行为的次数；

N_s：最大前进步数；

N_{re}：细菌进行复制性行为的次数；

N_{ed}：细菌进行迁徙性行为的次数；

P_{ed}：迁徙概率；

$C(i)$：向前移动的步长。

设 $P(j,k,l)=\{\boldsymbol{\theta}^i(j,k,l)\mid i=1,2,\cdots,S\}$ 表示种群中个体在第 j 次趋向性操作、第 k 次复制操作和第 l 次迁徙操作之后的位置，$J(i,j,k,l)$ 表示细菌 i 在第 j 次趋向性操作、第 k 次复制操作和第 l 次迁徙操作之后对于周围环境的适应度值。

3.1.2　细菌觅食优化算法的数学模型

1. 趋向性操作

细菌个体的趋向性表现为向着食物源丰富的区域靠近。细菌个体在寻找食物的过程中，会选择一个方向进行旋转并到达一个新的位置，然后将此位置与先前位置进行对比，如果新位置优于旧位置，则细菌个体继续沿着该方向前进，当达到规定的移动步数或者适应度值下降时，停止前进，这个过程称为趋向性操作。

设细菌种群大小为 S，细菌 i 的信息用 D 维向量表示为 $\boldsymbol{\theta}^i=(\theta_1^i,\theta_2^i,\cdots,\theta_D^i)$，$i=1,2,\cdots,S$，$\boldsymbol{\theta}^i(j,k,l)$ 表示细菌 i 在第 j 次趋向性操作、第 k 次复制操作和第 l 次迁徙操作之后的位置。细菌 i 的每一步趋向性操作表示如下：

$$\boldsymbol{\theta}^i(j+1,k,l)=\boldsymbol{\theta}^i(j,k,l)+C(i)\phi(j)\tag{3-1}$$

式中，$C(i)$——向前移动的步长单位；

$\phi(j)$——移动后细菌个体随机选择的前进方向。

2. 复制操作

细菌个体之间也存在着优胜劣汰的生存法则，找不到食物或者总是在食物源较小区域的细菌个体会被淘汰。在细菌觅食优化算法中，将适应度值较低的细菌个体淘汰，为了保持细菌种群总数量不变，对适应度值较高的细菌个体进行自我复制，这就是细菌觅食优化算法的复制操作。细菌个体的淘汰原则如下：对完成趋向性操作的细菌个体按照适应度值高低排序，舍弃较低的一半。设舍弃的细菌个数为 $S_r=S/2$，剩余的 S_r 个细菌进行自我复制。因为细菌个体进行的是自我复制，所以被复制出来的细菌与原细菌具有一样的参数。

对给定的 k、l 及每个 $i=1,2,\cdots,S$，设

$$J_{\text{health}}^i=\sum_{j=1}^{N_c+1}J(i,j,k,l)\tag{3-2}$$

式中，J_{health}^i——细菌 i 的健康函数，其值越大，表示细菌 i 越健康，其觅食能力越强。

3. 迁徙操作

与前两步操作不同，迁徙操作所针对的对象并不是全体细菌个体，而是个别细菌。少数细菌在进行趋向、复制操作时，会以一定的概率 P_{ed} 突然消失。但是细菌觅食优化算法开始运行时设置了种群大小，为了保持细菌种群大小不变，会在解空间的任意位置随机生成一个新的细菌个体，这就是迁徙。迁徙操作在细菌觅食优化算法中是保证算法寻找到全局最优解的重要环节。

4. 聚集性操作

同蚁群算法中蚂蚁释放信息素类似，细菌觅食优化算法中细菌个体也会释放一定的化学物质，将自己所处位置的食物源信息告知同伴，让同伴根据其自身掌握的各种信息判断，是否向自己的方位靠近。除了释放化学物质，细菌个体也会收到同伴反馈的信息。由此可以得知，细菌觅食优化算法中每一个细菌个体完成寻优过程受到两种信息的影响：一是自身的信息，即在单位时间内尽可能多地获取或靠近食物源；二是其他个体的信息，即细菌种群内部各个细菌个体之间信息的传递与反馈。这就是聚集性操作。

设 $P(j,k,l) = \{\boldsymbol{\theta}^i(j,k,l) \mid i = 1,2,\cdots,S\}$ 表示种群中个体的位置，$J(i,j,k,l)$ 表示细菌 i 在第 j 次趋向性操作、第 k 次复制操作和第 l 次迁徙操作之后对于周围环境的适应度值。此时细菌种群内部传递信号的影响值是

$$
\begin{aligned}
J_{cc}(\boldsymbol{\theta}, P(j,k,l)) &= \sum_{i=1}^{S} J_{cc}(\boldsymbol{\theta}, \boldsymbol{\theta}^i(j,k,l)) \\
&= \sum_{i=1}^{S} \left[-d_{gravity} \exp\left(-w_{gravity} \sum_{m=1}^{P} \left(\theta_m - \theta_m^i \right)^2 \right) \right] \\
&\quad + \sum_{i=1}^{S} \left[h_{repellant} \exp\left(-w_{repellant} \sum_{m=1}^{S} \left(\theta_m - \theta_m^i \right)^2 \right) \right]
\end{aligned}
\tag{3-3}
$$

考虑到迁徙和聚集性操作对细菌个体的影响，细菌 i 在执行一次趋向性操作后，新适应度值为

$$
J(i,j+1,k,l) = J(i,j,k,l) + J_{cc}(\boldsymbol{\theta}^i(j+1,k,l), P(j+1,k,l))
\tag{3-4}
$$

式中，$d_{gravity}$ ——引力的深度；

$\qquad w_{gravity}$ ——引力的宽度；

$\qquad h_{repellant}$ ——斥力的高度；

$\qquad w_{repellant}$ ——斥力的宽度。

细菌觅食优化算法就是利用以上 4 个基本操作完成优化问题的求解。图 3-1 所示为基本细菌觅食优化算法流程图。

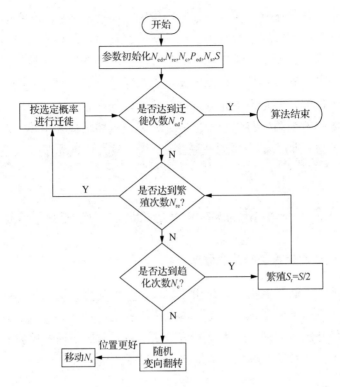

图 3-1　基本细菌觅食优化算法流程图

3.1.3　细菌觅食优化算法的特点

细菌觅食优化算法中的每一个细菌个体都代表着目标函数解空间中的一个有效解，且细菌种群的数量和函数解空间中解的数量相等。细菌觅食优化算法中每个细菌个体的感知范围决定了细菌个体只能在自己的有效感知范围内搜索营养物质更加丰富的食物源，且细菌个体的有效感知半径越大，其搜索优质食物源的能力与效率越强。推导到函数问题上，则表明由该细菌代表的解更加优秀。

由细菌觅食优化算法的寻优机制可知，细菌个体经过指定次数的位置迭代后，会分别聚集在一定范围内食物源最丰富的位置附近，这些位置上的细菌个体就代表着目标函数的局部最优解，而所有局部最优解中的最优解就是目标函数的最终全局最优解。因此，细菌觅食优化算法的适用范围比较广阔，除了可以求解线性问题外，还可以求解非线性多峰值问题[4-7]。

　　基本细菌觅食优化算法在寻求全局最优解及在求解 NP-hard 问题上具有很大潜力，但其本身也存在着一些缺陷。细菌觅食优化算法的搜索策略是依靠细菌个体寻找营养物质丰富的食物源，向其位置移动，并不断地重复这一过程，直到发现最优解，或者达到设置的迭代次数阈值，算法停止运行。这种搜索策略虽然能够找到部分最优解，但是不能充分发挥细菌个体的搜索能力，获取周围物质浓度能力的强弱影响着细菌的整体搜索性能，容易造成局部最优个体出现。很多学者对此进行了改进，提出了一系列改进算法[8-11]，极大地推动了细菌觅食优化算法的发展。

3.2　基于信息熵的改进细菌觅食优化算法

3.2.1　细菌觅食优化算法的改进原理

　　与早期被提出的智能优化算法相比，细菌觅食优化算法具有求解精度高等优点，已被广泛应用于多个领域。但基本细菌觅食优化算法存在求解时间长、求解精度不高、稳健性差等缺点。为克服这些缺陷，拟采用混沌初始化、信息熵理论及改变步长等方法对基本细菌觅食优化算法进行改进。

1. 混沌初始化

　　混沌初始化对于算法求解具有重要意义。改进巧妙的初始化策略可极大缩短算法在寻优过程中花费的时间。由于混沌运动表现出对初值不敏感，且类似于随机运动，特将混沌状态引入优化变量中。混沌运动的随机性能够极大地提高算法的运行效率。

　　优化问题的核心思想是求得待解决问题的极值，可以是极大值也可以是极小值，两者并无本质区别。以求函数极大值为例，建立优化问题的数学模型为

$$\begin{cases} \max f(x) = f(x_1, x_2, \cdots, x_n) \\ \text{s.t.} \quad x_i \in [a_i, b_i] \quad (i = 1, 2, \cdots, n) \end{cases} \tag{3-5}$$

混沌初始化的流程图如图 3-2 所示。

　　混沌序列 x^* 是通过混沌初始化得到的细菌新的初始状态，此时细菌所处的位置已接近最优区域。将混沌初始化应用到细菌初始位置的选择中，满足了细菌初始位置随机的要求。经过混沌初始化的算法，在求解速度上有了较大提升。

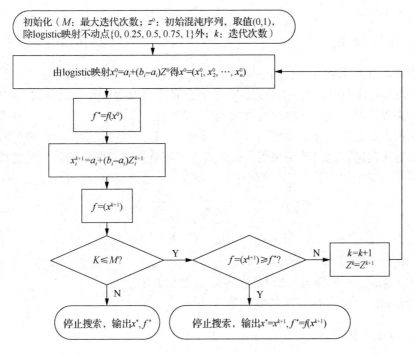

图 3-2　混沌初始化流程图

2. 基于信息熵的改进

信息熵用于描述信息的不确定性。通过控制信息熵的值，即可控制路径选择和局部随机变异扰动的概率，这样算法在运行过程中便可实现自适应调节。当信息熵达到预先设置的某一特定值时，细菌个体便会停止寻优，此时算法结束运行，输出求解数据。

定义信息熵为

$$S(t) = -k \sum_{i=1}^{n} p_i(t) \ln p_i(t) \tag{3-6}$$

式中，

$$p_i(t) = \frac{-d_{\text{gravity}} \exp\left[-w_{\text{gravity}} \sum \left(\theta_m - \theta_m^i\right)^2\right] + h_{\text{repellant}} \exp\left[-w_{\text{repellant}} \sum \left(\theta_m - \theta_m^i\right)^2\right]}{\sum_{i=1}^{S}\left\{-d_{\text{gravity}} \exp\left[-w_{\text{gravity}} \sum_{m=1}^{D}\left(\theta_m - \theta_m^i\right)^2\right]\right\} + \sum_{i=1}^{S}\left\{h_{\text{repellant}} \exp\left[-w_{\text{repellant}} \sum_{m=1}^{D}\left(\theta_m - \theta_m^i\right)^2\right]\right\}} \tag{3-7}$$

$p_i(t)$ 表示细菌种群内部个体相互影响的比值。此定义既保留了细菌觅食优化算法本身的优点，又融入了信息熵的特性。在算法运行之初，细菌之间传递信号的影响值被认为相同，此时信息熵值最大，而后，随着某细菌传递信号的影响值增强,熵值逐渐减小。

3. 步长的改进

细菌觅食优化算法步长的选取对于算法本身的搜索范围和搜索能力有很大影响。如果细菌移动步长为确定的数值,会使细菌个体在寻优性能上存在一定弊端:步长如果设置得较大,在算法运行初期收敛速度快,而在算法运行后期有可能错过最优解;反之,若步长太小,搜索范围变小且算法精度提高,但是求解时间太久。针对该问题,这里改进采用自适应的方式调整步长,即由细菌 i 所处位置的周边环境决定细菌 i 下一步前进的步长。细菌 i 自适应调整步长的公式如下:

$$C(i) = (D_{\max} - D_{\min}) \cdot \frac{J_i - J_{\min}}{J_{\max} - J_i} \cdot \text{rand}() \qquad (3\text{-}8)$$

式中, $D_{\max}, D_{\min}$ ——与细菌 J_i 距离的最大值和最小值;

J_i ——细菌 i 的适应度值;

$J_{\max}, J_{\min}$ ——细菌 i 周围最大和最小适应度值;

rand() ——一个 0~1 的随机数。

4. 算法停机准则

对于算法停机准则,较早提出的算法或一般的改进算法都是规定算法运行到某一迭代次数值便停止运算。在改进细菌觅食优化算法中,将信息熵值作为算法的停机准则。信息熵值在算法运行过程中起到自适应调节的作用,可作为算法停止的依据。在算法运行前设置一个信息熵值,当算法运行中的信息熵值小于预先设置的熵值时,细菌个体停止寻优,算法停止运行并输出数据。

3.2.2 改进细菌觅食优化算法求解过程

结合上述内容,对改进细菌觅食优化算法的优化过程进行整理和归纳,对寻优的过程进行排序,具体步骤如下。

(1)初始化各参数:维度、种群规模、趋向次数、趋向中最大步数、迁徙次数、复制次数、迁徙概率、初始步长。

(2)利用混沌初始化,得到细菌新的初始状态,此时细菌所处的位置已接近最优区域。

(3)通过控制信息熵的值自适应调节细菌路径选择与转移概率,进行迁徙、繁殖、趋向操作。

(4)判断是否满足信息熵预设值,如果满足,则算法结束并输出最优值;如果不满足,则转入步骤(3),继续循环。

(5)输出最优值,算法结束。

改进细菌觅食优化算法求解流程图如图 3-3 所示。

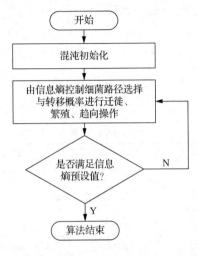

图 3-3　寻优流程图

3.2.3　改进细菌觅食优化算法性能评估

一般情况下，主要采用标准测试函数做数值仿真实验的方法对算法的性能进行评估，通过模拟数据的对比得出算法性能的优劣。因此，本部分选用经典测试函数对改进细菌觅食优化算法的性能进行测试评估。

1. 函数测试

为了验证改进细菌觅食优化算法的可行性和有效性，仿真实验采用以下经典测试函数作为测试对象。

1）Sphere 函数

$$f_1(x) = \sum_{i=1}^{N} x_i^2, \quad x_i \in [-100,100]$$

2）Rosenbrock 函数

$$f_2(x) = \sum_{i=1}^{N-1} \left[100\left(x_{i+1} - x_i^2 \right)^2 + (x_i - 1)^2 \right], \quad x_i \in [-30,30]$$

3）Rastrigrin 函数

$$f_3(x) = \sum_{i=1}^{N} \left[x_i^2 - 10\cos(2\pi x_i) + 10 \right], \quad x_i \in [-100,100]$$

4）Griewank 函数

$$f_4(x) = \frac{1}{4000} \sum_{i=1}^{N} x_i^2 - \prod_{i=1}^{N} \cos\left(\frac{x^i}{\sqrt{i}} \right) + 1, \quad x_i \in [-100,100]$$

本改进细菌觅食优化算法采用的实验参数为：测试函数的维度 $p=30$，细菌总量 $S=40$，趋向次数 $N_c=40$，趋向中最大步数 $N_s=5$，迁徙次数 $N_{ed}=5$，复制次数 $N_{re}=5$，迁徙概率 $P_{ed}=0.25$，初始步长 $C=0.8$。将基本细菌觅食优化算法与本改进细菌觅食优化算法各自运行 20 次。表 3-1 所示为两种算法的运行结果。

表 3-1 函数测试运行结果

函数	算法	最优解	最差解	平均解
f_1	基本细菌觅食优化算法	4.3719×10^{-3}	2.4713	0.1448
	改进细菌觅食优化算法	3.5814×10^{-6}	7.2613×10^{-6}	4.3811×10^{-6}
f_2	基本细菌觅食优化算法	36.9032	87.2433	43.4081
	改进细菌觅食优化算法	2.2071×10^{-6}	9.1973×10^{-6}	4.3951×10^{-6}
f_3	基本细菌觅食优化算法	5.3091×10^{-2}	4.9043	1.4015
	改进细菌觅食优化算法	1.4983×10^{-4}	7.3481×10^{-3}	3.2596×10^{-4}
f_4	基本细菌觅食优化算法	1.8206×10^{-2}	3.3285×10^{-1}	7.9913×10^{-2}
	改进细菌觅食优化算法	4.3092×10^{-6}	9.7515×10^{-5}	6.9618×10^{-6}

由表 3-1 可以得知，对于测试函数的求解，改进细菌觅食优化算法所求得的最优解、平均解和最差解均小于基本细菌觅食优化算法。由此可见，通过引入信息熵、混沌初始化和自适应步长，改进细菌觅食优化算法能够寻找到更加精确的解。分析表中数据也可看出改进细菌觅食优化算法的优越性，如对于 Rosenbrock 函数的求解，改进细菌觅食优化算法相比基本细菌觅食优化算法具有更高的精度；对于 Sphere 函数的求解，改进细菌觅食优化算法具有更好的稳定性。

2. 改进细菌觅食优化算法在桁架结构中的应用

图 3-4 所示为优化问题中常用来测试算法性能的 10 杆平面桁架结构，该桁架结构工况比较复杂，具有 6 个节点、10 个设计变量。弹性模量 $E=689$GPa，质量密度 $\rho=2768.04$kg/m³，许用应力 $[\sigma]=172.369$MPa。工况只有一个，在节点 2、4 各作用 444.5kN 向下的力，节点 1、2、3、4 皆有 ±50.8mm 的位移约束，长度 $L=9.144$m，杆件截面面积的上、下限分别为 6.45×10^{-5}m²、0.0258m²。改进细菌觅食优化算法各参数选取与前述相同，优化后的结果如表 3-2 和图 3-5 所示，同时与文献中采用的其他优化算法得出的结果进行了比较。

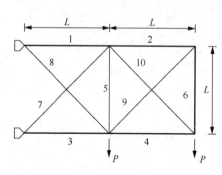

图 3-4 10 杆平面桁架结构

表 3-2   10 杆平面桁架结构优化结果

编号	杆件截面面积/m²			
	应力位移法	改进蚁群算法	改进粒子群优化算法	改进细菌觅食优化算法
1	0.119900	0.021076	0.019700	0.091632
2	0.000064	0.000064	0.000064	0.000064
3	0.015250	0.014797	0.014979	0.014697
4	0.009610	0.009847	0.009791	0.009621
5	0.000064	0.000064	0.000064	0.000064
6	0.000407	0.000339	0.000355	0.000343
7	0.004916	0.012891	0.004807	0.004899
8	0.013628	0.004970	0.013558	0.013562
9	0.013590	0.000065	0.013918	0.000064
10	0.000064	0.013841	0.000064	0.013577
质量/kg	2298.300	2299.690	2295.500	2289.970

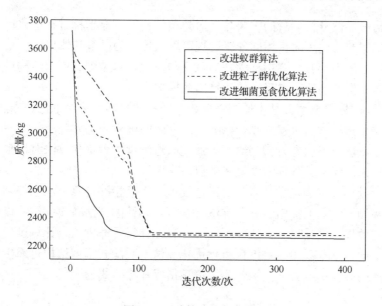

图 3-5   3 种算法迭代曲线

分析表 3-2 和图 3-5 可以得出，改进细菌觅食优化算法在优化桁架结构时，能够表现出优异的性能。与改进蚁群算法、改进粒子群优化算法和应力位移法相比，改进细菌觅食优化算法在求解收敛速度和求解精度上都稍微领先。对比表 3-2中的具体数据也可以分析出，改进细菌觅食优化算法求解出的结构质量比其他 3种算法要轻约 0.34%。图 3-5 显示，3 种算法均可以找到全局最优解，但改进细菌觅食优化算法在迭代到 90 次左右时，便计算出了全局最优解，性能比其他两种改进算法提高了不少。改进细菌觅食优化算法由于混沌初始化的作用，在算法运行初期寻优能力很突出。

3.3　改进细菌觅食优化算法在结构可靠性分析中的应用

装配式建筑是在工厂预制梁柱板等构件，运送到施工现场进行吊装，通过梁柱搭接、连接节点加固等方式，构成建筑整体结构。装配式建筑具有环保、节能、效益高等优点，正是这些优点使得装配式建筑受到越来越多的关注[12-15]。因装配式框剪结构异于传统现浇混凝土框剪结构，所以对其应采用非线性理论进行结构动力学分析具有重要意义。为保证装配式框剪结构的可靠性，节点设计往往复杂多样，全预制装配式混凝土框剪结构连接节点的可靠性分析就显得尤为重要[16-26]。

3.3.1　使用改进细菌觅食优化算法求解结构可靠指标

结构可靠性分析的目的主要是针对建筑结构的可靠指标进行优化计算。一般情况下，建筑结构可靠指标的计算过程可以大致分为以下具体步骤：

首先，应当结合可靠指标的几何意义与概念，对装配式框剪结构进行适当简化，并建立框剪连接节点受力的计算等效模型。

然后，根据等概率的基本原则将非正态随机变量转化为标准的正态随机变量，并依据可靠指标的需求建立基于标准正态空间的极限状态方程。

最后，以极限状态方程为约束，通过改进细菌觅食优化算法对极限状态曲面到远点的最短距离进行搜索，最终求得可靠指标。

由于近年来结构可靠性研究的迅速发展，可靠指标计算方法也得到了扩展和延伸。例如，学者们提出的 β 限界法等求解可靠性的方法在实际结构设计中取得了较好的效果。但是这些方法并不完美，存在计算量非常大、计算过程复杂等缺点。鉴于此，这里采用改进细菌觅食优化算法对装配式框剪结构可靠指标进行一个全局性的寻找和探索。结构单元的可靠指标计算公式为

$$\begin{cases} \beta_i = \dfrac{m_{M_i}}{\sigma_{M_i}} & (i = 1, 2, \cdots, n) \\ M_i = R_i - S_i \end{cases} \tag{3-9}$$

式中，M_i——第 i 个工作单元的安全余量；

R_i——第 i 个工作单元的抗力；

S_i——第 i 个工作单元的内力；

m_{M_i}——安全余量的均值；

σ_{M_i}——安全余量的标准差。

1. 可靠指标求解模型

设 $x_1, x_2, \cdots, x_n$ 为 Ω 空间内的独立非正态分布随机变量，极限状态方程可以表示为

$$Z = g(x_1, x_2, \cdots, x_n) = 0 \tag{3-10}$$

设 Φ 为标准正态累积分布函数，根据等概率原则可得

$$F(x_i) = \Phi(u_i) \tag{3-11}$$

由式（3-11）可知

$$x_i = F_{x_i}^{-1}\left[\Phi(u_i)\right] \tag{3-12}$$

$$u_i = \Phi^{-1}\left[F(x_i)\right] \tag{3-13}$$

在式（3-13）中，F^{-1} 和 Φ^{-1} 分别为 F 和 Φ 的反函数，将式（3-12）、式（3-13）代入式（3-10）可得在标准正态空间内的极限状态函数，即

$$Z = g_x\left\{F_{x_1}^{-1}\left[\Phi(u_1)\right], F_{x_2}^{-1}\left[\Phi(u_2)\right], \cdots, F_{x_n}^{-1}\left[\Phi(u_n)\right]\right\} = g_u(u_1, u_2, \cdots, u_n) \tag{3-14}$$

随机变量分布类型大体可以概括成连续型分布和离散型分布。在工程结构验算中，经常采用的是连续型分布中的对数分布和正态分布，因此

$$x_i = u_{x_i} + \sigma_{x_i} u_i \tag{3-15}$$

若 x_i 为独立对数正态分布，均值为 u_{x_i}，变异系数为 δ_{x_i}，u_i 为标准正态分布，则

$$\begin{cases} x_i = \mathrm{e}^{\left(u_{\ln x_i} + \sigma_{\ln x_i} u_i\right)} \\ u_{\ln x_i} = \ln\left(u_{x_i} / \sqrt{1 + \delta_{x_i}^2}\right) \\ \sigma_{\ln x_i} = \sqrt{\ln\left(1 + \delta_{x_i}^2\right)} \end{cases} \tag{3-16}$$

将 $x_1, x_2, \cdots, x_n$ 经过式（3-16）的处理后，Ω 空间内的所有非正态分布随机变量都将转化为标准正态分布，则求解 $S(u_1, u_2, \cdots, u_n)$ 到原点最小距离的问题变得简单。可以利用求解极限状态方程约束的优化问题代替原问题的求解，即

$$\begin{cases} \min f(x) = \min \sqrt{u_1^2 + u_2^2 + \cdots + u_n^2} \\ \text{s.t.}\quad g_u(u_1, u_2, \cdots, u_n) = 0 \end{cases} \tag{3-17}$$

在优化问题中，有时被优化的问题具有约束，此时求解起来比较复杂，运算量大，需要将带有约束的优化转化成无约束优化。常常采用罚函数法实现转化，即

$$\min \sqrt{u_1^2 + u_2^2 + \cdots + u_n^2} = \lambda\xi\left[g_u(u_1, u_2, \cdots, u_n)\right] \tag{3-18}$$

式中，λ ——罚函数因子；

ξ ——罚函数。

罚函数 ξ 的选取非常重要，当罚函数取值较小时，惩罚较轻，对于约束优化

问题的转化起不到作用；而当取值较大时，惩罚过重，导致求解结果与实际值偏差较大。这里选取在求解优化问题时常选用的 $x \to |x|$ 作为罚函数。此函数惩罚程度适中，既能够完成约束问题的转化，又能够保证求解结果的可靠性。对于惩罚因子 λ，设置 $\lambda = 1$。

2. 算法的实现

改进细菌觅食优化算法求解预制框剪结构连接节点可靠指标的过程定义如下。
（1）细菌个体的初始化过程，用 InitColonyProcess 表示。
（2）细菌个体在可行域内搜索最优值的过程，用 SearchProcess 表示。
改进细菌觅食优化算法流程图如图 3-6 所示。

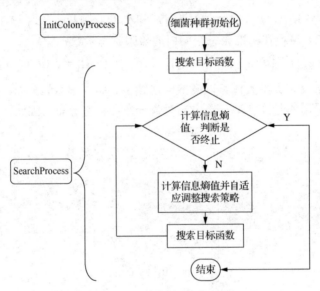

图 3-6　改进细菌觅食优化算法流程图

3. 基于细菌觅食优化算法的可靠性分析流程

结合上节内容，可以确定基于改进细菌觅食优化算法的装配式框剪结构连接节点可靠性分析步骤：首先，结合装配式框剪结构连接节点的基本设计思路及装配式结构在安装过程中的重点注意事项，对连接节点进行适当简化并得出等效简化计算模型；其次，结合可靠指标的几何意义，对连接节点的简化等效计算模型施加荷载，并建立基于荷载的简化等效模型；再次，根据等效概率原则将非正态随机变量转化为标准正态分布随机变量，建立基于标准正态空间的极限状态方程；然后，以极限状态方程为约束，通过改进细菌觅食优化算法对极限状态曲面到远点的最短距离进行搜索，最终求得可靠指标；最后，对计算所得的可靠指标展开分析，即依据计算所得的可靠指标的大小，对荷载作用下的连接节点的可靠性展开分析，得出最终结论。

基于改进细菌觅食优化算法的结构可靠性分析流程图如图 3-7 所示。

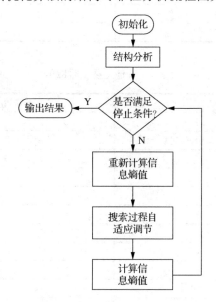

图 3-7 基于改进细菌觅食优化算法的可靠性分析流程图

3.3.2 工程实例

1. 预制框剪结构荷载及概况

某预制框剪结构地上建筑层数为 7 层，建筑高度为 20.65m。结构形式为预制装配式结构，用途为住宅。预制构件墙、柱采用 C30，梁、板、楼梯，地下一层楼面至首层楼面采用 C30，二层楼面及以上各层楼（屋）面采用 C30。结构抗震等级计算措施采用三级，构造措施采用三级。抗震设防类别为丙类，按 8 度要求采取抗震措施，设计基本地震加速度值为 0.20g，水平地震影响系数最大值为 0.16。场地类别为 III 类，中软场地土，设计地震分组为第一组，特征周期为 0.45s。结构的阻尼比为 0.05。抗浮设防水位绝对高程为 7.00m。地下室底板、外墙、顶板等与土壤接触的混凝土采用抗渗混凝土，混凝土抗渗等级为 P6。场地地基土层无液化。设计基准期为 50 年，设计使用年限为 50 年。建筑结构安全等级为二级，结构重要性系数为 1。

框剪结构受到的主要荷载如表 3-3 和表 3-4 所示。

表 3-3　风压取值

类别	风压/（kN/m²）
位移计算	0.45
承载力计算	0.45（0.50）

表 3-4　其他主要荷载取值

项目		标准值/（kN/m²）
库房		5.0
住宅、公寓、多层住宅楼梯间		2.0
楼梯间		3.0
电梯机房		7.0
水箱间		10.0
阳台、露台、住宅、公寓卫生间		2.5
消防车道		20.0
车库坡道		4.0
车库屋面		10.0
屋面	上人	2.0
	不上人	0.5

查阅相关规范可以得知，结构在极限承载力状态下的可靠指标及失效概率如表 3-5 所示。

表 3-5　可靠指标及失效概率

破坏类型		安全等级		
		一级	二级	三级
脆性	可靠指标 β	4.2	3.7	3.2
	失效概率 P_f	1.34×10^{-5}	1.08×10^{-4}	6.87×10^{-4}
延性	可靠指标 β	3.7	3.2	2.7
	失效概率 P_f	1.08×10^{-4}	6.87×10^{-4}	3.47×10^{-3}

2. 框剪结构内力计算

此预制框剪结构的刚度最大的预制柱计算结果如表 3-6 所示。

表 3-6　刚度计算结果

构件类型	抗侧刚度/（kN/m）	
预制柱	2～7 层	1 层
	20812	12811

故楼层柱平均抗侧刚度 $\bar{D}$ 为

$$\bar{D} = \frac{1}{H}\sum_{i=1}^{7} D_i h_i = 1671375\text{kN/m} \tag{3-19}$$

整个框剪结构的抗侧承载力为

$$C_{\text{f}} = \bar{D}\bar{h} = 4930556\text{kN} \tag{3-20}$$

剪力墙抗弯刚度为

$$EI_{\text{w}} = 8.392\times10^8\ \text{kN/m}^2 \tag{3-21}$$

刚度特征系数为

$$\lambda = H\sqrt{\frac{C_{\text{f}}}{EI_{\text{w}}}} \approx 1.45 \tag{3-22}$$

式中，D_i——楼层柱抗侧刚度；

$\quad\quad h_i$——楼层高度；

$\quad\quad H$——楼层数；

$\quad\quad \bar{h}$——楼层平均高度；

$\quad\quad E$——弹性模量；

$\quad\quad I_{\text{w}}$——截面惯性矩。

框剪结构在水平力作用下总内力计算结果如表 3-7 所示。

表 3-7　总内力计算结果

楼层	风荷载			地震作用		
	总剪力墙		总框架	总剪力墙		总框架
	$M_{\text{w}}/(10^3\text{kN}\cdot\text{m})$	$V_{\text{w}}/(10^3\text{kN})$	$V_{\text{F}}/(10^3\text{kN})$	$M_{\text{w}}/(10^3\text{kN}\cdot\text{m})$	$V_{\text{w}}/(10^3\text{kN})$	$V_{\text{F}}/(10^3\text{kN})$
1	10.52	0.80	0.05	22.74	1.73	0.11
2	7.37	0.70	0.13	15.95	1.50	0.28
3	4.69	0.58	0.18	10.14	1.26	0.38
4	2.49	0.46	0.21	5.39	0.99	0.44
5	0.85	0.32	0.23	1.84	0.69	0.49
6	−0.17	0.16	0.23	−0.38	0.35	0.49
7	0.00	−0.02	0.23	−1.07	−0.04	0.49

3. 仿真实验分析

对于预制装配式框剪结构连接节点可靠指标及失效概率的求解，为便于验证改进细菌觅食优化算法的有效性，采用对比试验的方法。这里采用改进细菌觅食优化算法对结构进行求解，同时引入传统的一次二阶矩法作为对照组。在相同外部荷载的实验条件下，两种求解方法的运行结果如表 3-8 所示，迭代曲线如图 3-8 所示。

表 3-8　仿真实验运行结果

项目	可靠指标 β	失效概率 P_f
改进细菌觅食优化算法	4.21	0.77×10^{-4}
一次二阶矩法	4.16	0.82×10^{-4}

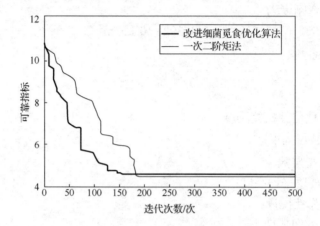

图 3-8　迭代曲线

　　由表 3-8 可以得出，两种方法均可以求出可靠指标，且求出的可靠指标之间差距不是很大。改进细菌觅食优化算法求得的可靠指标为 4.21，通过查阅相关规范，此结构的设计可靠指标为 3.7。改进细菌觅食优化算法求出的可靠指标大于规定值，可以认为改进细菌觅食优化算法在可靠指标求解中可行、有效。虽然改进细菌觅食优化算法求解出的可靠指标与一次二阶矩法求出的差距并不是很大，但是在收敛速度上，明显快于一次二阶矩法。这是因为改进细菌觅食优化算法利用了混沌初始化，使细菌个体在初始阶段便靠近全局最优解，在求解时间上要少于传统方法。

小　　结

　　本节将混沌初始化、信息熵等改进因素应用到细菌觅食优化算法的改进中，实现细菌觅食优化算法的自适应调节，使算法初始解分布更加靠近全局最优解，并且在寻优过程中提高全局搜索能力；为了验证改进细菌觅食优化算法的有效性与可行性，采用平面 10 杆桁架算例和 4 个标准测试函数对改进细菌觅食优化算法进行测试，并同其他优化算法进行分析比较，结果证明了改进细菌觅食优化算法的可行性。

　　应用改进细菌觅食优化算法对某预制装配式框剪结构连接节点进行可靠指标的求解，证明了改进细菌觅食优化算法求解可靠指标的可行性。

参 考 文 献

[1] PASSINO K M. Biomimicry of bacterial foraging for distributed optimization and control[J]. IEEE control systems, 2002, 22(3): 52-67.

[2] DASGUPTA S, DAS S, ABRAHAM A. Adaptive computational chemotaxis in bacterial foraging optimization: an analysis[J]. IEEE transactions on evolutionary computation, 2009, 13(4): 919-941.

[3] BISWAS A, DASGUPTA S, DAS S. A synergy of differential evolution and bacterial foraging algorithm for global optimization [J]. Neural network world, 2007, 17(6): 607-626.

[4] 周雅兰. 细菌觅食优化算法的研究与应用[J]. 计算机工程与应用, 2010, 46（20）: 16-21.

[5] 王雪松, 程玉虎, 郝名林. 基于细菌觅食行为的分布估计算法在预测控制中的应用[J]. 电子学报, 2010, 38（2）: 333-339.

[6] 吴波, 郝春梅. 细菌觅食优化算法在嵌入式系统多任务调度中的应用[J]. 微电子学与计算机, 2013, 30（3）: 143-147.

[7] 刘小龙, 李荣钧, 杨萍. 基于高斯分布估计的细菌觅食优化算法[J]. 控制与决策, 2011, 26（8）: 1233-1238.

[8] 梁艳春. 群智能优化算法理论与应用[M]. 北京: 科学出版社, 2009.

[9] 杨大炼, 李学军, 蒋玲莉. 一种细菌觅食算法的改进及其应用[J]. 计算机工程与应用, 2012, 48（13）: 31-34, 93.

[10] 杨尚君, 王社伟, 陶军, 等. 基于混合细菌觅食算法的多目标优化方法[J]. 计算机仿真, 2012, 29（6）: 218-222.

[11] 杜明煜, 雷秀娟. 改进的细菌觅食优化算法求解 0-1 背包问题[J]. 计算机技术与发展, 2014, 24（5）: 44-52.

[12] HAWILEH R A, RAHMAN A, TABATABAI H. Nonlinear finite element analysis and modeling of a precast hybrid beam-column connection subjected to cyclic loads[J]. Applied mathematical modelling, 2010, 34(9): 2562-2583.

[13] NEGRO P, BOURNAS D A, MOLINA F J. Pseudodynamic tests on a full-scale 3-storey precast concrete building: global response[J]. Engineering structures, 2013, 57(4): 594-608.

[14] NISTICÒ N, GKAGKA E E, GANTES C J. Roof isolation with tuned mass-based systems and application to a prefabricated building[J]. Arabian journal forence & engineering, 2014, 40(2): 431-442.

[15] BARAN E. Effects of cast-in-place concrete topping on flexural response of precast concrete hollow-core slabs[J]. Engineering structures, 2015, 98:109-117.

[16] 谭平, 李洋, 匡珍, 等. 装配式隔震结构中隔震节点抗震性能研究[J]. 土木工程学报, 2015, 48（2）: 10-17.

[17] 刘学春, 林娜, 张爱林, 等. 梁柱螺栓连接节点刚度对装配式斜支撑钢框架结构受力性能影响研究[J]. 建筑结构学报, 2016, 37（2）: 63-72.

[18] 程万鹏, 宋玉普, 王军. 预制装配式部分钢骨混凝土框架梁柱中节点抗震性能试验研究[J]. 大连理工大学学报, 2015, 55（2）: 171-178.

[19] 李正良, 徐姝亚, 刘红军, 等. 新型装配式钢管混凝土柱-钢筋混凝土梁框撑体系振动台试验研究[J]. 土木工程学报, 2016, 49（2）: 22-30.

[20] 章文纲, 程铁生, 迟维胜, 等. 装配式框架钢纤维混凝土齿槽节点[J]. 建筑结构学报, 1995, 16（3）: 52-58.

[21] 赵斌, 吕西林, 刘丽珍. 全装配式预制混凝土结构梁柱组合件抗震性能试验研究[J]. 地震工程与工程振动, 2005, 25（1）: 81-87.

[22] 孙建, 邱洪兴, 陆波. 新型全装配式混凝土剪力墙（含水平缝节点）的整体性能[J]. 工程力学, 2016, 33（1）: 133-140, 170.

[23] 李振宝, 董挺峰, 闫维明, 等. 混合连接装配式框架内节点抗震性能研究[J]. 北京工业大学学报, 2006, 32（10）: 895-900.

[24] 门进杰, 郭智峰, 史庆轩, 等. 钢筋混凝土柱-腹板贯通型钢梁混合框架中节点抗震性能试验研究[J]. 建筑结构学报, 2014, 35（8）: 72-79.

[25] 张社荣, 崔溦, 王超. 工程结构现代设计方法[M]. 北京: 科学出版社, 2013.

[26] 赵斌, 刘学剑, 吕西林. 柔性节点预制混凝土结构的动力反应[J]. 同济大学学报（自然科学版）, 2005, 33（6）: 716-721.

第 4 章　基于帝国竞争算法的结构可靠性分析

4.1　基本帝国竞争算法

4.1.1　帝国竞争算法的基本原理

帝国竞争算法（imperialist competitive algorithm，ICA）是对帝国主义国家殖民扩张，并因占有不平衡而发生战争的模拟，在算法中每一个体称为国家，优化中以向量或实数列表示，基本原理如下。

国家初始化，形成一定数量的国家，并依据国家势力大小排序；按照排名将位于前列的若干个国家定为宗主国，再将后序国定为殖民地并按照势力排名随机分配给宗主国，其中宗主国与殖民地共同组成若干个帝国；对殖民地同化演变，即殖民地向宗主国移动，同化后，有一定比例的殖民地又沿着其他方向移动，在同化过程中，殖民地在新位置的势力可能超过其宗主国，此时殖民地取代原宗主国成为该帝国的新宗主；之后帝国间的势力随时间会此消彼长，不平衡程度加剧，帝国间竞争开始，弱势帝国丧权失地，其殖民地被其他强势帝国瓜分，竞争过程中会产生新的帝国，并参与竞争和瓜分；最后重复上述过程，经过数代的同化、革命、竞争，理想状态下，弱小帝国逐渐消亡，仅留存一个帝国称霸，其殖民地同时达到与宗主国同样的势力，算法结束。

帝国竞争算法过程如下。

1. 创建初始帝国

随机建立若干个国家：
$$[\text{country}]_j = \left\{x_1, x_2, \cdots, x_N\right\}_j \quad (j=1,2,\cdots,K) \tag{4-1}$$
式中，x_i——优化问题，$i=1,2,\cdots,N$；

N——优化问题的维数；

K——产生的国家数目。

国家势力的大小用目标函数或成本函数来度量：
$$\text{COST} = f\left([\text{country}]_j\right) = f(x_1, x_2, \cdots, x_N) \tag{4-2}$$

国家的势力和目标函数值成反比，即目标函数值越小，国家势力越大。将函数值由低到高排列，函数值低的前几个国家成为帝国，其余沦为殖民地。设帝国数为 K_{imp}，殖民地数为 K_{col}，则

$$K = K_{\text{imp}} + K_{\text{col}} \qquad (4\text{-}3)$$

各个帝国需要划分势力范围，即所拥有的殖民地数量，通过式（4-4）～式（4-6）对所有殖民国家权力进行标准化处理，从而实现对殖民地的分配。

$$C_m = c_m - \max\{c_i\} \quad (i = 1, 2, \cdots, K_{\text{imp}}) \qquad (4\text{-}4)$$

$$p_m = \left| C_m \middle/ \sum_{i=1}^{K_{\text{imp}}} C_i \right| \qquad (4\text{-}5)$$

$$\text{NC}_m = \text{Round}\{p_m K_{\text{col}}\} \qquad (4\text{-}6)$$

式中，　c_i——帝国相对势力的大小；

c_m——第 m 个帝国的目标函数值；

C_m——标准化成本值；

C_i——第 i 个帝国的成本值；

p_m——标准化势力大小；

NC_m——第 m 个帝国所得殖民地数量。

创建初始帝国示意图如图 4-1 所示。

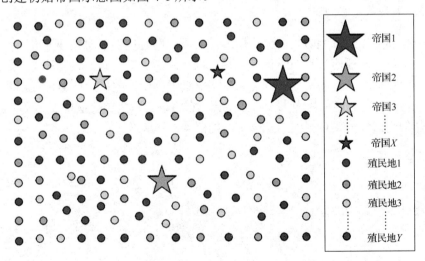

图 4-1　创建初始帝国示意图

2. 同化演变

帝国对殖民地实施同化演变，在算法中表现为殖民地以 x 为移动单位向宗主国所在位置运动，x 服从概率论中的均匀分布。其过程如图 4-2 所示。

$$x \sim U(0, \beta \times d) \qquad (4\text{-}7)$$

式中，　d——殖民地与宗主国在搜索空间的距离；

β——大于 1 的数。

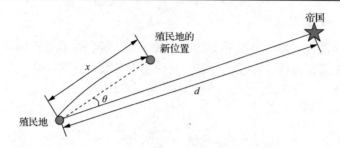

图 4-2　同化殖民地

设置 $\beta > 1$ 的目的是使殖民地在向宗主国靠近聚集过程中，能够按照两个方向运动。再引入随机的角度 θ，旨在扩展殖民地移动路径，使其以更多的方向靠近宗主国，从而增大空间搜索能力。

$$\theta \sim U(-r, r) \tag{4-8}$$

式中，β 和 r 是任意的，文献[1]通过研究建议 $\beta = 2$，$r = \pi/4$，从而增大殖民地遍历搜索空间的能力，使算法收敛于全局最优解。

3. 革命与反客为主

同化演变以后，为防止同化作用过早收敛，同时也为了增强搜索范围，殖民地发生革命，一般而言有 30% 的殖民地在同化之后又沿着其他方向移动。经过同化与革命以后，一个殖民地在向其宗主国靠近过程中，随机到达新位置，此时评估殖民地的势力，如果势力大于其宗主国，它将与其宗主国交换位置，反客为主，成为新的帝国参与到帝国间的竞争中，如图 4-3 所示。

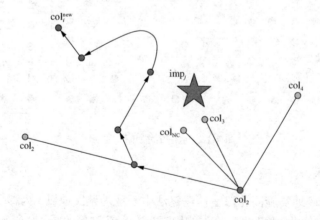

图 4-3　革命与反客为主

4. 竞争与称霸

经过上述过程，帝国之间不平衡程度加剧，相互之间的竞争更加激烈，总势力最小的帝国将会被瓜分并逐渐消亡。总势力的定义如下：

$$TC_m = c_m + \xi\left(\sum_{i=1}^{NC_m} f(\mathrm{col}_i)\bigg/ NC_m\right)$$ （4-9）

式中，TC_m——第 m 个帝国的总势力；

$\sum_{i=1}^{NC_m} f(\mathrm{col}_i)$——第 m 个帝国所占殖民地的目标函数值；

$\xi < 1$，且为正实数。

通过竞争，最弱帝国的最弱殖民地将被其他帝国占有，势力下降的帝国最终覆灭。通过多次激烈的竞争，各个帝国逐渐衰亡，最后剩下最强大的帝国称霸，此时得到算法最优解。

帝国竞争算法流程图如图 4-4 所示。

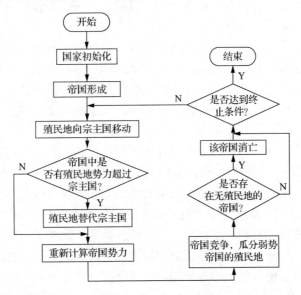

图 4-4　帝国竞争算法流程图

4.1.2　帝国竞争算法的优点及不足

相较于遗传算法、粒子群优化算法和模拟退火算法等经典智能优化算法，新兴的帝国竞争算法在大规模及高维度的函数优化问题求解上具有自身的优势；但同样，帝国竞争算法也会面临智能优化算法共同存在的一些问题和不足。

优点：对比经典的优化算法，帝国竞争算法收敛效率及精度高，有较强的全局收敛能力。具体分析该算法的步骤：在同化演变过程中，殖民地向宗主国移动过程中突破了原有的搜索空间，从而显著扩大了搜索范围，可比较好地规避"早熟"现象；后期步骤中的帝国间竞争、相互吞并及最后称霸的过程，极大地提高了算法的收敛效率，处理维度较低的优化问题时，优势明显；除此之外，殖民地发生革命，在一定概率下形成新的帝国，又增大了帝国的多样性，提高了跳出局部最优解的能力。

　　不足：类似于其他优化算法，帝国竞争算法处理高维度优化问题时，易陷入局部最优；在迭代后期，帝国多样性下降，致使收敛精度降低；同时，算法缺乏有效的信息交互方法，帝国间信息共享机制的缺失使算法在局部搜索空间的搜索效果不理想，容易错失寻求最优解的良机。

4.2　帝国竞争算法的改进

4.2.1　改进原理及方法

　　针对上述不足，分析算法的详细迭代过程，对每一步骤做出一定的微调和改进，使改进后的算法求解效果显著提升。

　　（1）国家初始化过程：与早期提出的经典算法的种群构造过程一样，在构造初始国家时，国家分布是随机的，无法有效地均匀分布在搜索空间中，因此为了降低甚至消除因国家（帝国）分布不均对算法搜索范围造成的不利影响，这里采用拉丁超立方抽样（Latin hypercube sampling，LHS）方法产生初始国家。

　　（2）同化演变过程：殖民地向宗主国移动，即殖民同化过程实现个体优越的局部搜索能力，但在基本帝国竞争算法中，同化过程为殖民地按照一定的轨道向宗主国移动与靠近，殖民地移动的单位是 x，x 服从式（4-7）；同时，算法设计时，为了使殖民地从不同方向朝其宗主国移动，设置 $\beta>1$，引入角度 θ，其值服从式（4-8）均匀分布，从而使殖民地可从其他方向靠近宗主国。可见，在移动过程中移动单位 x 是通过 β 和 r 控制的，以一种轨道路径的形式向宗主国靠近，无法对整个空间进行充分搜索，算法易陷于局部最小区域。基于上述问题，在帝国竞争算法同化过程中引入量子动态行为，形成具有量子行为的帝国竞争算法。

　　（3）竞争吞并过程：帝国竞争算法运行后期同样具有经典算法所存在的缺陷，即种群多样性降低过快，殖民地高度集中于强势帝国，局部搜索能力下降过快，造成算法易早熟。针对这一缺陷，在借鉴信息熵理论的基础上，将其运用于帝国集团多样性测量，并以此为依据，通过控制信息熵值来控制帝国内部势力接近宗主国的殖民地独立形成新帝国的概率，实现算法的自适应调节。

4.2.2　拉丁超立方抽样改进国家初始化

　　1979 年，Mckay 等[2]提出一种统计抽样技术——拉丁超立方体抽样。

　　LHS 理论最初来源于总均值模型：设输出变量 $x=(x^1,\cdots,x^s)\in C^s$ 与输入变量有确定的函数关系 $y=f(x)$。假定试验区域为单立方体 $C^s=[0,1]^s$，则函数值 y 在 C^s 的总值按照期望值计算为

$$E(y) = \int \cdots \int_{C^s} f(x^l, \cdots, x^s) \mathrm{d}x^l \cdots \mathrm{d}x^s \qquad (4\text{-}10)$$

若在单立方体 C^s 中选取 n 个试验点，则 $x_1, x_2, \cdots, x_n$，函数值 y 在 n 个试验点上的均值为

$$\bar{y}(D_n) = \frac{1}{n} \sum_{i=1}^{n} f(x_i) \qquad (4\text{-}11)$$

式中，$D_n = \{x_1, x_2, \cdots, x_n\}$——$n$ 个试验点的设计值。

该抽样方法通过选取合适的抽样 D_n 使相应的估计 $\bar{y}(D_n)$ 是无偏的，即

$$E[\bar{y}(D_n)] = E(y) \qquad (4\text{-}12)$$

同时方差 $\mathrm{Var}[\bar{y}(D_n)]$ 尽可能小。因此，LHS 的目标是使试验中选取的试验点能够均匀地散布在空间中，该方法具有以下特点。

（1）试验点均匀地分布于搜索空间。

（2）试验点选取随机。

（3）n 个试验点的设计值的总均值为无偏均值，且方差较小。

（4）具有稳定性。

LHS 方法的上述特点能够有效地应用于帝国竞争算法初始国家形成的过程，因此这里采用该方法进行国家初始化构造。

设维数为 n 的超立方体空间：

$$x^i \in [x_1^i, x_u^i] \quad (i = 1, 2, \cdots, n) \qquad (4\text{-}13)$$

式中，x^i——第 i 维变量；

x_1^i, x_u^i——第 i 维变量的下界和上界。

此处为保证 LHS 的稳定性，采用文献[3]中介绍的 ϕ_p 准则对 LHS 进行筛选，具体步骤如下。

（1）抽样规模 H。

（2）分割原超立体空间形成 H^n 个小型超立方体空间，x^i 的定义域设为 $[x_l^i, x_u^i]$，并将其划分为 H 个相等的子区间：

$$x_1^i = x_0^i < x_1^i < x_2^i < \cdots < x_j^i < x_{j+1}^i < \cdots < x_H^i = x_u^i \qquad (4\text{-}14)$$

（3）生成矩阵 $A_{H \times n}$，矩阵每列都由向量 $\{1, 2, \cdots, H\}^{\mathrm{T}}$ 作为数列随机全排列而成。

（4）将矩阵 $A_{H \times n}$ 的每行视作一个小型超立方体，在每个选取的小超立方体内随机得到一个样本，选出 H 个样本。

（5）重复以上步骤选出 P 组样本。

（6）对选出的样本根据 ϕ_p 准则进行 LHS 筛选，得到符合准则且可用于试验的样本。

用 ϕ_p 准则优化的 LHS 与随机抽样选点方法进行对比，结果如图 4-5 所示。根据 ϕ_p 准则优化的 LHS 方法不仅使初始种群在可行域中分布更加均匀，而且使初

始种群的稳定性得到了保证，使帝国竞争等智能算法后续阶段的局部搜索和全局寻优性能获得极大的提高。

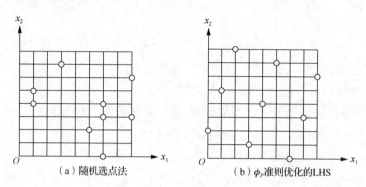

（a）随机选点法　　　　　　　（b）ϕ_p准则优化的LHS

图 4-5　两种方法对比

4.2.3　具有量子行为的帝国竞争算法

量子动态行为是利用 Schrödinger 方程进行描述的[4]：

$$jh\frac{\partial}{\partial t}\psi(r,t)=\left[-\frac{\hbar^2}{2m}\nabla^2+V(r)\right]\psi(r,t) \tag{4-15}$$

式中，$\hbar$——普朗克常数；

　　　m——量子质量；

　　　$V(r)$——势能分布函数；

　　　$\psi(r,t)$——波函数，是未知量。

将该方程应用于量子帝国模型设计，建立 Delta 势阱束缚殖民地，使群体具有聚集性，从而使处于量子束缚态的国家能够以一定概率出现在搜索空间的任何位置；同时为了防止算法发散，将当量子国家与势阱中心的距离趋向无穷大时的概率设置为 0。

具体算法设计思路为：殖民地遵循量子动态行为，其状态和位置由波函数 $\psi(r,t)$ 确定，其幅值的平方为量子在某一位置出现的概率，因此在同化阶段建立量子空间下殖民地的概率密度函数 $|\psi(r,t)|^2$；t 时刻在帝国内部以宗主国所在位置为势阱中心 P_j，殖民地以大概率靠近宗主国；而在全区域，则由轮盘赌方法在全体由 N_{suz} 个宗主国组成的集合 S_{best} 中进行采样，选择一个宗主国为全局势阱中心 G_k，由社会政治启发，帝国内殖民地以一定概率觉醒，从而选择域外国家作为自己的效仿对象，即该帝国内部殖民地向全局中心 G_k 移动。

算法需满足以下条件：设 D 维搜索空间，t 时刻某一帝国内部第 i 个殖民地的位置表示为 $X_i(t)=(x_{i1}(t),x_{i2}(t),\cdots,x_{iD}(t))$；其最优位置为当前所在帝国内第 j 个宗主国所在位置 $P_j(t)=(p_{j1}(t),p_{j2}(t),\cdots,p_{jD}(t))$；在全体帝国内部选择某个宗主国为

其全局最优位置 $G_k(t) = \left(g_{k1}(t), g_{k2}(t), \cdots, g_{kD}(t)\right)$。Clerc 等[5]分析个体的运动轨迹时，得出结论：个体在第 d 维的变量，必须收敛于其自身的局部最优吸引子和全局最优吸引子的随机加权均值：

$$P_{jd}(t) = \left[\mu_{1d}P_{jd}(t) + \mu_{2d}G_{kd}(t)\right]\Big/\left(\mu_{1d} + \mu_{2d}\right) \tag{4-16}$$

建立不含时间 t 的 Delta 势阱模型时，势阱中心每一维势能分布为

$$V(r) = -\gamma\delta(r) \tag{4-17}$$

式中，γ ——势阱深度。

联立式（4-15）和式（4-17），可得殖民地波函数为

$$\psi(r) = \frac{1}{\sqrt{L}}\exp(-|r|/L) \tag{4-18}$$

式中，$L = \dfrac{\hbar^2}{m\gamma}$ ——Delta 势阱的特征长度。

在 r 处，殖民地出现的概率密度函数为

$$Q(r) = |\psi(r)|^2 = \frac{1}{L}\exp(-2|r|/L) \tag{4-19}$$

且应满足

$$\int_{-|r|}^{|r|}Q(r)\mathrm{d}r > 0.5 \tag{4-20}$$

从而使殖民地在 r 处以较大的概率向宗主国所在的位置移动。

由式（4-19）和式（4-20）可得特征长度 L 满足：

$$L = |r|\Big/\left[g\ln\sqrt{2}\right] \tag{4-21}$$

式中，g ——控制参数，且 $g > 1$。

针对 Delta 势阱中殖民地在任意时刻位置是不确定的与实际中任意时刻殖民地必须有确切的位置这一矛盾，借助波函数的坍塌加以解决。具体操作采用蒙特卡罗重要抽样法采样完成。取随机数 u，且 $u \sim U(0,1)$，令 $u = \exp(-2|r|/L)$，最后解出

$$|r| = \frac{L}{2}\ln(1/u) \tag{4-22}$$

联立式（4-21）和式（4-22），可得

$$\left|r^{w+1}\right| = \frac{\ln(1/u)}{2g\ln\sqrt{2}}\left|r^w\right| \tag{4-23}$$

令 $r^w = X^w - P$，表示殖民地第 w 代与势阱中心最优吸引子的距离，P 表示此时最优吸引子的位置，Delta 势阱建立在每一维，因此这里 X,P 都表示一维的情况。代入式（4-23），得殖民地的每一代更新公式：

$$X^{w+1} = P \pm \alpha\left|X^w - P\right|\ln(1/u) \tag{4-24}$$

式中，$\alpha = \dfrac{1}{2g\ln\sqrt{2}}$。

由式（4-22），$r = \pm\dfrac{L}{2}\ln(1/u)$，而 $r = X - P$，可得到量测时的殖民地位置随机方程：

$$X = P \pm \frac{L}{2}\ln(1/u) \qquad (4\text{-}25)$$

于是可解出

$$L = 2\alpha|r| = 2\alpha|P_{\text{mbest}} - X| \qquad (4\text{-}26)$$

式中，α——收缩-扩张系数，文献[6]证明，为保证算法收敛，必须满足 $\alpha < 1.781$。

L 是控制殖民地更新过程概率分布范围的参数，因此这里在式（4-26）引入 P_{mbest} 对 L 进行评价，在候选宗主国集合 S_{best} 中求平均值，并应用于式（4-24）殖民地迭代过程，其值为最优位置向量的平均值：

$$P_{\text{mbest}} = \frac{1}{M_{\text{suz}}}\left(\sum_{j=1}^{M_{\text{suz}}}p_1(w),\sum_{j=1}^{M_{\text{suz}}}p_2(w),\cdots,\sum_{j=1}^{M_{\text{suz}}}p_D(w)\right) \qquad (4\text{-}27)$$

式中，M_{suz}——每代中宗主国的数量，是随着算法运行而变化的量，可以有效克服肖红等[6]指出的势阱中心后期引领不足的缺陷。

除 P_{mbest} 之外，参数 α 对 L 调节起到至关重要的作用，α 按照线性特征变化：

$$\alpha = \frac{(\alpha_1 - \alpha_2)\times(\text{MAXIER} - w)}{\text{MAXIER}} + \alpha_2 \qquad (4\text{-}28)$$

式中，MAXIER——最大迭代数。

4.2.4　基于信息熵调节的帝国竞争算法

Shannon[7]于 1951 年提出信息熵的概念，经过发展，现在用来描述系统整体的不确定程度[8]。假定连续随机变量 X 取值为 x 的概率为 $\varphi(x)$，其不确定性可以用信息熵 $H(x)$ 的形式表示，其中

$$H(x) = -\int_x \varphi(x)\log\varphi(x)\mathrm{d}x \qquad (4\text{-}29)$$

若 x 为离散型随机变量，则有

$$H(x) = -\sum_{x\in\mathrm{dom}(x)}\varphi(x)\log\varphi(x) \qquad (4\text{-}30)$$

决定信息熵 $H(x)$ 值的是其变量 x 的概率分布 $\varphi(x)$，而与变量 x 具体取值无关，且 $\varphi(x)\geqslant 0$，$\sum\varphi(x)=1$。同时，信息熵还具有如下性质：对称性、非负性、确定性、可加性和极值性。

具有量子行为的帝国竞争算法和基本帝国竞争算法运行后期具有同样的缺陷，即种群多样性降低过快，殖民地高度集中于强势帝国，局部搜索能力下降过快，造成算法易早熟。针对这一缺陷，周书敬等借鉴信息熵理论，将其运用于帝

国集团多样性测量，并以此为依据，通过控制信息熵的值来控制帝国内部势力接近宗主国的殖民地独立形成新帝国的概率，实现算法的自适应调节[9]。

帝国势力由宗主国与殖民地的两部分势力加权而成，平均加权形式如下：

$$\text{Power}_j = (1-\theta)\text{sp}_j + \theta \frac{\sum\limits_{i=1}^{\text{NC}_j} \text{cp}_{ji}}{\text{NC}_j} \tag{4-31}$$

式中，Power_j——第 j 个帝国势力；

sp_j——第 j 个帝国中宗主国势力；

cp_{ji}——第 j 个帝国中第 i 个殖民地势力；

NC_j——第 j 个帝国殖民地数量；

θ——权系数。

然后，对帝国势力进行标准化，以势力最小的帝国为基准，对第 j 个帝国进行标准化操作：

$$\text{SPower}_j = \left| 1 - \frac{\text{Power}_j}{\max\limits_{i \leqslant M_{\text{suz}}}\{\text{Power}_j\}} \right| \tag{4-32}$$

式中，SPower_j——第 j 个帝国标准化势力。

定义熵值：

$$H(\text{SPower}) = -\sum_{j=1}^{M_{\text{suz}}} \phi_j \ln \phi_j \tag{4-33}$$

$$\phi_j = \tau \frac{\text{SPower}_j}{\sum\limits_{j=1}^{M_{\text{suz}}} \text{SPower}_j} + (1-\tau)\left(1 - \frac{\text{div}_j}{\sum\limits_{i=1}^{M_{\text{suz}}} \text{div}_j} \middle/ M_{\text{suz}}\right) \tag{4-34}$$

式中，τ——全系数取较小的值，以测定帝国势力占总势力的比重对多样性的影响；

div_j——第 j 个宗主国位置与式（4-27）中宗主国平均位置 P_{mbest} 的欧氏距离。

$$\text{div}_j = \sqrt{\sum_{d=1}^{D}\left[p_{jd}(w) - \frac{1}{M_{\text{suz}}}\sum_{j=1}^{M_{\text{suz}}} p_{jd}\right]^2} \tag{4-35}$$

式中，M_{suz}——每代中宗主国，即帝国个数。

定义迭代 w 次势力接近宗主国的殖民地发生独立的概率为

$$\mu_w = \eta_0\left[1 - \frac{H_w}{H_{\max}}\exp\left(-\frac{w}{\text{MAXIER}}\right)\right] \tag{4-36}$$

式中，H_w——迭代 w 次的信息熵值，迭代次数增加，信息熵到达最大值 $H_{\max}$，随后熵值降低，算法后期帝国多样性急剧降低，此时增大帝国内部与宗主国势力接近的殖民地独立的概率 μ_w，增大多样性并提高算法后期的寻优精度，以避免早熟。当达到迭代次数或熵值小于设置值 λ（$\lambda - \varepsilon > 0$ 且 ε 为大于 0 的极小的数）时，算法停止运行，实现算法的自适应执行步骤调节。

4.2.5　改进帝国竞争算法执行步骤

针对帝国竞争算法的基本原理和存在的不足，基于前面论述的改进原理和方法对基本帝国竞争算法做出微调和改进。国家初始化过程应用 LHS 方法，针对殖民同化过程殖民地向宗主国移动时的缺陷，将国家量子化，以扩大搜索空间，提高搜索能力。同时，针对算法信息交互机制匮乏的缺点，在全过程引入信息熵对帝国集团的多样性进行调节，避免多样性降低导致早熟，以求最小值为目标，改进帝国竞争算法执行步骤如下。

（1）国家初始化，根据 LHS 方法，在 D 维空间形成 N 个国家，这些国家均匀分布于搜索空间。按国家势力由小到大排序，并按照排名将位于前列的 N_{suz} 个国家定为宗主国，再将后序 N_{col} 个国家定为殖民地并按照势力排名依次分配给宗主国（$N_{suz} + N_{col} = N$），其中宗主国与殖民地共同组成 N_{suz} 个帝国。

（2）殖民地同化演变，建立 Delta 势阱模型，殖民地以一定概率出现在以宗主国为中心、距离为 L 的搜索空间任何位置，同时以一定比例 σ 使帝国某些殖民地觉醒，从而向以轮盘赌形式选择的全局最优宗主国移动，如图 4-6 所示。

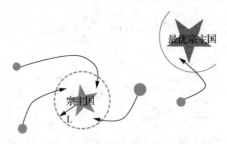

图 4-6　殖民地按量子行为向宗主国移动

（3）革命，殖民地在新位置的势力可能超过其宗主国，此时殖民地取代原宗主国成为该帝国的新宗主。

（4）竞争，按式（4-31）计算各帝国总势力，依据式（4-33）计算此时熵值，求得最强帝国中势力接近宗主国的殖民地独立形成新帝国的概率 μ_m，新帝国割出一定数量的殖民地并且参与竞争，此时共有 N_{imp} 个帝国，每次迭代均进行竞争操作。

（5）称霸，重复上述步骤，经过数代的同化、革命、竞争，理想状态下，弱小帝国逐渐消亡，达到迭代次数，同时信息熵的值达到最小，算法结束，输出结果。

改进帝国竞争算法流程图如图 4-7 所示。

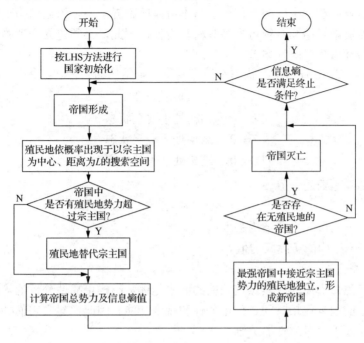

图 4-7　改进帝国竞争算法流程图

4.3　改进帝国竞争算法在结构可靠性分析中的应用

预制梁柱板等构件在工厂生产完成后，运送到施工现场，通过连接节点组成整体结构，同时为了保证结构的可靠性和整体性，必要时需对节点设施加固，验收后使用。相较于传统现浇混凝土框架结构可靠性分析，预制装配式混凝土框架结构更像机械、车辆等工程中的构件，本节借鉴相应学科的理论应用于土木工程结构，并通过结果验证所采用的可靠性分析方法是合理有效的。

4.3.1　工程结构可靠性分析理论

1. 结构可靠性相关概念

1）基本概念

结构可靠性基本概念是所设计的结构在规定的时间和条件下能够完成设计预定的各种功能。随着设计理论和施工技术的进步，建筑的建造不仅要实现上述基本功能，还应尽量降低结构的造价费用，从而达到安全可靠、成本合理、质量精湛和技术先进等要求。

2）结构功能函数

结构极限状态，是结构工作可靠与不可靠的临界状态。依据结构工作状态是否达到临界值来对结构进行可靠性分析与设计，因此，必须建立合理的结构功能函数用来精确描述极限状态。

设 $x_i(i=1,2,\cdots,n)$ 为结构状态不确定变量，则结构的某种功能状态为

$$Z = g(x_1, x_2, \cdots, x_n) \tag{4-37}$$

$$\begin{cases} Z > 0, & \text{结构处于安全状态} \\ Z = 0, & \text{结构处于极限状态} \\ Z < 0, & \text{结构处于失效状态} \end{cases} \tag{4-38}$$

结构功能函数的一般表达式：

$$Z = R - S \tag{4-39}$$

式中，R——阻抗应力或结构强度；

S——结构的实际应力值。

3）相关公式

结构在生命周期完成其预定功能的概率是评估结构可靠性分析的依据，影响其具体数值的因素包括时间、使用条件和规定功能。因此，建立它们之间有效的数学关系，是求解可靠性的关键。

设可靠概率为 P_r，失效概率为 P_f，它们之和事件是必然事件，存在以下关系：

$$P_r + P_f = 1 \tag{4-40}$$

若 Z 的概率密度是 $f_Z(z)$，则

$$P_r = P_r(Z > 0) = \int_0^\infty f_Z(z)\mathrm{d}z \tag{4-41}$$

$$P_f = P_f(Z \leqslant 0) = \int_{-\infty}^0 f_Z(z)\mathrm{d}z \tag{4-42}$$

若 $Z \sim N(\mu_Z, \sigma_Z)$，则有

$$P_f = \int_{-\infty}^0 \frac{1}{\sqrt{2\pi}\sigma_Z} \exp\left(-\frac{z-\mu_Z}{2\sigma_Z^2}\right)\mathrm{d}z = \phi\left(-\frac{\mu_Z}{\sigma_Z}\right) \tag{4-43}$$

式中，$\dfrac{\mu_Z}{\sigma_Z}$ 是无量纲的数，令 $\dfrac{\mu_Z}{\sigma_Z} = \beta$，则式（4-43）推导为

$$P_f = \phi(-\beta) \tag{4-44}$$

于是，失效概率 P_f 与 $-\beta$ 建立函数关系，而称 β 为可靠指标。

2. 结构可靠性分析基本方法

本节按照文献[10]所划分的种类，简要介绍相关分析方法，重点介绍基于超椭球的非概率可靠性分析方法。

1）传统分析方法

概率可靠指标计算方法主要包括：一次二阶矩方法、响应面法、蒙特卡罗重要抽样法及这些方法的改进方法等。概率可靠性工程结构的可靠性分析起步最早，其理论依据最为完善，应用最为广泛。然而，这种方法存在较大的问题：概率分布密度函数必须精确完备，而实际工程复杂多样，函数关系多为隐式表达；需要充足的样本信息，而实际工程获取的样本难以满足理论需求，经济成本高。因此，需要建立适应小样本的分析模型及可靠性分析方法，以满足工程需求。

2）基于超椭球的非概率可靠性分析

为了弥补概率可靠性分析理论的不足，Ben-Haim 和 Elishakoff 基于非概率可靠性理论，提出适应样本较少的不确定性模型[11-13]。曹鸿钧等[14]设计超椭球凸集模型蒙特卡罗仿真方法计算得出非概率可靠指标。罗阳军等[15]提出了一种修正迭代算法，求解了该定义下的非概率可靠指标。经过多年发展，非概率可靠性理论在求解大型复杂系统可靠性上应用愈加广泛，包括航天、材料、机械制造等领域。通过研究非概率可靠性分析的求解策略，将改进帝国竞争算法引入非概率可靠性的求解中，通过基于椭圆的凸模型描述有界不确定变量，对结构的隐式功能函数梯度不作求解，设置相应的罚函数，直接通过寻优获得该功能函数的数值，据此找到求解空间中的最优点。

4.3.2　基于改进帝国竞争算法的结构可靠性分析

一般而言，非概率可靠指标的计算过程可以大致分为以下几个具体步骤。

首先，合理简化装配式框架结构，采用有限元分析软件建立节点等效模型；

然后，依据超椭球凸集模型的非概率可靠指标的需求建立非概率可靠性分析模型；

最后，应用改进帝国竞争算法对搜索最优解——标准空间距离原点最近的点，求得可靠指标。

1. 非概率可靠性分析模型建立

极限状态方程由结构功能函数确定，并将求解空间划分为失效域与安全域，如图 4-8 所示。

极限状态方程所表示的超曲面上距原点最近的点为最可能失效点，该距离为非概率可靠指标 η，满足下式：

$$\begin{cases} \eta > 1, & \text{结构安全} \\ -1 < \eta \leqslant 1, & \text{失效与安全不确定状态} \\ \eta > -1, & \text{结构失效} \end{cases} \tag{4-45}$$

按式（4-46）计算非概率可靠指标：

$$\begin{cases} \eta = k\min\sqrt{\boldsymbol{u}^{\mathrm{T}}\boldsymbol{u}} \\ \text{s.t.} \quad g(\boldsymbol{u})=0 \end{cases} \tag{4-46}$$

其中，当 $g(\boldsymbol{u}) \geqslant 0$ 时，$k=1$；当 $g(\boldsymbol{u})<0$ 时，$k=-1$。

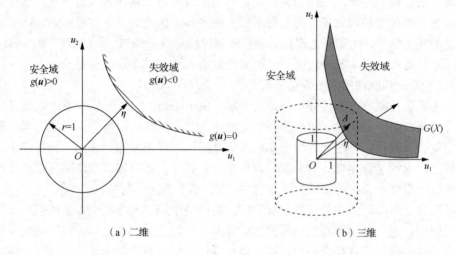

（a）二维　　　　　　　　　　（b）三维

图 4-8　非概率可靠指标解空间划分示意图

2. 罚函数法

工程实例的优化问题受到众多外界因素的制约，这就是约束的来源。通常约束是复杂多变的，此时优化问题是难以求解的。为了获得符合精度要求的结果，解决优化问题常用的方法是将有约束的优化转变成无约束优化，包括罚函数法及约束变尺度法等。约束优化问题的数学模型为

$$\begin{cases} \min f(x) \\ \text{s.t.} \quad g_i(x) \leqslant 0, \quad i=1,2,\cdots,n \\ \qquad g_i(x)=0, \quad i=n+1,\cdots,n+p \end{cases} \tag{4-47}$$

式中，$g_i(x)$ ——约束条件。

其中，罚函数法是最常用的方法。

$$\eta = k\min\sqrt{\boldsymbol{u}^{\mathrm{T}}\boldsymbol{u}} = \min\sqrt{\boldsymbol{u}^{\mathrm{T}}\boldsymbol{u}} = \lambda\xi[g(u_1,u_2,\cdots,u_n)] \tag{4-48}$$

式中，λ ——罚函数因子；

ξ ——罚函数，合适的罚函数对求解意义重大。

$$\begin{cases} \text{对约束优化问题的转化无作用，} \quad \xi\text{取值较小} \\ \text{转化成功但结果与实际偏差较大，} \quad \xi\text{取值过大} \end{cases} \tag{4-49}$$

本章选取在求解优化问题中常用的罚函数 $x \Rightarrow |x|$。由研究可知，其惩罚程度适中，能够完成由约束优化问题向无约束优化问题的转化，同时求解结果稳定性

可以保证。λ 可根据下式取值：

$$\lambda = k = 1 \qquad\qquad (4\text{-}50)$$

3. 算法实现

智能优化算法运算的实现离不开计算机硬件及软件的飞速发展，经过抽象、模拟编程等过程，将算法应用于实际问题求解中。根据预制装配式框架节点这一实际问题，运用 MATLAB 编写相应的程序，实现改进帝国竞争算法对连接节点可靠性分析和可靠指标的求解。求解过程如图 4-9 所示。

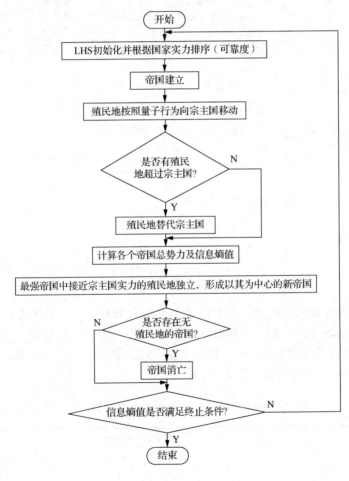

图 4-9　可靠指标求解过程

4. 算例分析

根据文献[15]，对图 4-10 所示某 10 杆斜桁架进行可靠性分析。节点 2、3 处受 y 向荷载的作用，作用荷载 P_1 和 P_2 为不确定参数，两个荷载的名义值均为 $1 \times 10^4 \, \mathrm{N}$，

用超椭球模型描述为

$$
\begin{cases}
\boldsymbol{\delta}_p \in E = \left\{ \boldsymbol{\delta}_p \middle| \boldsymbol{\delta}_p^{\mathrm{T}} \boldsymbol{W}_P \boldsymbol{\delta}_p \right\} \\
\boldsymbol{\delta}_p = \left\{ \boldsymbol{\delta}_{p_1}, \boldsymbol{\delta}_{p_2} \right\}
\end{cases}
\tag{4-51}
$$

其中，$\boldsymbol{W}_P = \begin{pmatrix} 19.7919 & -4.2098 \\ -4.2098 & 14.9306 \end{pmatrix}$。杆件（1）至（6）弹性模量均为 $E_1 = 200\text{GPa}$，杆件（7）至（10）的弹性模量为 $E_2 = 210\text{GPa}$。设该桁架的极限状态方程满足下式：

$$
v = \sqrt{\left(v_2^2 + v_3^2 \right)/2} \leqslant 0.5 \times 10^{-3}
\tag{4-52}
$$

式中，v——2，3 节点的 y 向位移的平方和的算术平方根。

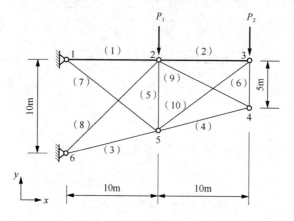

图 4-10　10 杆平面斜桁架结构

不同的设计方案依次列于表 4-1，求解此时可靠指标。在本算例中，改进帝国竞争算法的基本参数：国家个数 $N = 220$，宗主国（帝国）数量 $N_{\text{suz}} = 10$，觉醒比例 $\sigma = 0.2$，权重系数 $\theta = 0.1$，$\tau = 0.02$，扩张-收缩系数 $\alpha_1 = 1.0$，$\alpha_2 = 0.4$，迭代次数 MAXIER $= 500$，信息熵设置值 $\lambda = 1/500$。

表 4-1　10 杆斜桁架横截面设计面积

杆号	横截面面积 A/m^2			
	工况 1	工况 2	工况 3	工况 4
（1）	2.0000	1.3065	0.6152	1.5750
（2）	2.0000	0.8122	1.0486	1.0694
（3）	2.0000	1.3235	0.6312	1.5454
（4）	2.0000	0.0065	0.0065	0.0065
（5）	2.0000	0.0065	0.0065	0.0065
（6）	2.0000	0.0065	0.0065	0.0065

续表

杆号	横截面面积 A/m^2			
	工况 1	工况 2	工况 3	工况 4
（7）	2.0000	0.4924	0.6297	0.5988
（8）	2.0000	0.5805	0.7284	0.7069
（9）	2.0000	0.0065	0.0065	0.0065
（10）	2.0000	0.9731	1.2497	1.2297
体积 V/m^3	2.0688	0.6158	0.7746	0.7545

　　求解此桁架的非概率可靠指标就是使结构在一定条件下 y 向位移的平方和的算术平方根 v 最小，即限制条件为结构的功能函数：

$$g(u) = 0.5 \times 10^{-3} - v \leqslant 0 \tag{4-53}$$

　　为限制算法超出求解空间，需要设置足够大的数作为目标函数，让改进帝国竞争算法脱离这样的不良解。结果对比如表 4-2 所示，工况 4 中改进帝国竞争算法得出结果 $\eta = 1.0001$。此时结构正好处于"临界"安全状态，验证了经过改进帝国竞争算法有效提升了求解可靠性分析指标的效率，同时提高了结果的精度。

表 4-2　改进帝国竞争算法与其他文献结果对比

	文献[15]			文献[14]			改进帝国竞争算法		
	η	P_1/kN	P_2/kN	η	P_1/kN	P_2/kN	η	P_1/kN	P_2/kN
工况 1	6.1341	16.7856	25.8761	6.1321	16.8460	25.8360	6.1306	16.8309	25.8361
工况 2	0.0000	10.0000	10.0000	0.0000	10.0000	10.0000	0.0000	10.0000	10.0000
工况 3	1.1481	11.1897	12.0000	1.1478	11.2030	12.9901	1.1463	11.1991	12.0001
工况 4	1.0009	11.0500	12.5997	1.0005	11.0621	12.6010	1.0001	11.0527	12.5987

　　求解桁架结构可靠性，应用所提出的方法可有效地规避复杂的函数敏感度分析过程，求解显式和隐式功能函数均适用，且效果良好。

4.3.3　工程实例

1. 结构概况

　　预制框架结构建筑层数为 6 层，建筑高度为 18m，无地下结构。具体参数如表 4-3 所示。

表 4-3　相关参数

类别	参数
构件截面	柱 500mm×400mm
	梁 300mm×250mm
	墙厚 150mm

续表

类别	参数
构件材料	墙、柱 C30 混凝土
	梁、板、楼梯、首层楼面采用 C20 混凝土
	二层楼面及以上各层楼（屋）面 C25 混凝土
	外墙、顶板等与土壤接触的混凝土采用抗渗混凝土
抗震等级	计算措施采用二级
	构造措施二级
设防类别	丙类，按 8 度进行抗震计算、采取抗震措施
地震参数	地震加速度 0.20g
	水平地震影响系数最大值为 0.16
	特征周期 0.45s
场地类别	III类，中软场地土
结构阻尼比	0.05
设计标准	设计基准期为 50 年，设计使用年限为 50 年
其他	安全等级为二级，结构重要性系数为 1

Abaqus 软件结构有限元建模效果如图 4-11 所示。

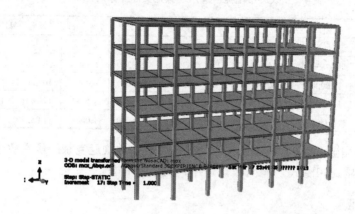

图 4-11　预制框架结构模型图

2. 结构承载

预制装配式混凝土框架结构受到的主要荷载如下。

（1）对雪荷载，基本雪压 $S_0 = 0.40\text{kN/m}^2$（按重现期 50 年）。

（2）对风荷载，风压取值如表 4-4 所示。

表 4-4　风压取值

类别	风压/（kN/m²）
承载力计算	0.45（0.50）
位移计算	0.45

（3）其他主要荷载取值如表 4-5 所示。

表 4-5　其他主要荷载取值

项目		标准值/（kN/m²）
库房		0.45（0.50）
公寓、多层住宅等楼梯间		0.45
水箱间		10.0
阳台、露台、住宅、公寓卫生间		2.5
屋面	上人	2.0
	不上人	0.5

极限承载力状态下结构的可靠指标及失效概率数据具体取值如表 4-6 所示。

表 4-6　结构可靠指标及失效概率

破坏类型		安全等级		
		一级	二级	三级
脆性破坏	失效概率 P_f	4.2	3.7	3.2
	可靠指标 β	1.34×10^{-5}	1.08×10^{-4}	6.87×10^{-4}
延性破坏	失效概率 P_f	3.7	3.2	2.7
	可靠指标 β	1.08×10^{-4}	6.87×10^{-4}	3.47×10^{-3}

3. 内力计算

计算获得预制框架结构刚度，如表 4-7 所示。

表 4-7　结构刚度计算结果

构件	层别	抗侧移刚度/（kN/m）
预制柱	首层	10239
	2～6 层	14872

于是，可得到结构平均抗侧移刚度及承载力计算结果，如表 4-8 所示。

表4-8　结构平均抗侧移刚度及承载力计算结果

类别	计算公式	结果
预制柱平均抗侧移刚度/（kN/m）	$\overline{D}=\dfrac{1}{H}\sum\limits_{1}^{6}D_ih_i=\dfrac{1}{18}(10239+14872\times6)\times3$	16549
整体结构抗侧移承载力/kN	$C_t=\overline{D}\,\overline{h}=16549\times3$	49646

该结构在水平力作用下，总内力计算结果如表4-9所示。

表4-9　总内力计算结果

楼层	风荷载	地震作用
	预制装配式混凝土框架 $V_F/(10^3\text{kN})$	预制装配式混凝土框架 $V_F/(10^3\text{kN})$
1	0.05	0.13
2	0.11	0.19
3	0.13	0.27
4	0.17	0.39
5	0.19	0.39
6	0.19	0.39

4. 仿真试验及结果分析

本例中的装配式结构异于现浇混凝土结构，因此采用非线性理论对该结构进行结构动力学分析。其可靠性分析计算过程的具体步骤如下。

（1）适当简化结构并建立相应的结构节点受力的计算等效模型。

（2）根据概率论相关理论，将内力计算时所得非正态随机变量转化为标准的正态随机变量，同时建立基于标准正态空间的极限状态方程。

（3）通过本节改进帝国竞争算法对极限状态曲面到远点的最短距离进行搜索，最终求得可靠指标。

上述框架结构单元的可靠性计算公式：

$$\begin{cases} \beta_i=\dfrac{m_{M_i}}{\sigma_{M_i}} & (i=1,2,\cdots,n) \\ M_i=R_i-S_i \end{cases} \tag{4-54}$$

式中，M_i——工作单元的安全余量；

m_{M_i}——安全余量的均值；

σ_{M_i}——安全余量的均值。

为了验证改进算法在求解节点可靠指标上应用的有效性，通过Abaqus建立的有限元模型，计算上述内力计算结果及各单元可靠性，确定最大失效点。引入蒙特卡罗重要抽样法：设框架结构节点处 x^* 对失效概率 P_f 的贡献最大。调用 MATLAB 内置的蒙特卡罗重要抽样法模拟程序，将框架结构构件和连接节点计算失效指标输入 MATLAB 软件，按照文献[11]推导结果进行计算，从而求得分析结果。应用本章所提出的方法求得上述结构的系统失效概率。

在相同的试验条件下，基于改进帝国竞争算法求解可靠指标的过程和蒙特卡罗重要抽样法独立运行 30 次，运行结果平均值如表 4-10 所示，平均值拟合曲线图如图 4-12 所示。

表 4-10　运行结果对比

方法	失效概率 P_f	可靠指标 β	平均运行时间 t/s
本节改进帝国竞争算法求解	$0.67×10^{-4}$	4.31	109
蒙特卡罗重要抽样法	$0.81×10^{-4}$	4.19	342

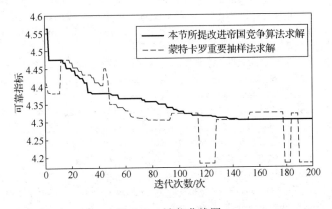

图 4-12　迭代曲线图

通过对比结果及曲线图，可知改进帝国竞争算法提高了求解效率与精度，同时为预制结构节点非概率可靠性分析求解提供可借鉴的思路。

小　　结

随着经济的发展、环保节能的迫切要求及相应建筑技术水平的提高，预制装配式结构发展迅速。要保证装配式结构可靠性符合要求，除了相应构件各项力学指标达到规范要求外，节点对整体结构可靠性至关重要。因此结构设计时，节点往往按照较大的安全系数进行设计和加固，使节点构造复杂，工程成本上升，制约了预制装配式结构的推广。对预制装配式混凝土结构节点进行可靠性分析有助于推广，同时也可拓展算法的应用领域。

本章研究工作如下。

（1）将量子化、超立方拉丁分布和信息熵等改进因素应用到帝国竞争算法改进中，实现帝国竞争算法的自适应调节，使算法初始解在搜索空间分布更加均匀，有效提高跳出局部最优解的能力；帝国量子化在同化及殖民地革命过程中效果明显，提高寻优过程中的全局搜索能力；采用标准函数进行试验，验证了改进帝国竞争算法的有效性与可行性。

（2）应用改进帝国竞争算法对斜杆桁架可靠指标进行求解；建立一个简单的预制装配式结构，运用改进帝国竞争算法对最大失效点——节点失效概率进行求解，进而得出可靠指标。实验证明，在实际结构中，改进帝国竞争算法求解可靠指标是可行的。

参 考 文 献

[1] ATASHPAZ-GARGARI E, LUCAS C. Imperialist competitive algorithm: an algorithm for optimization inspired by imperialistic competition[C]//2007 IEEE congress on evolutionary computation. IEEE, 2007: 4661- 4667.

[2] MCKAY M D, BECKMAN R J, CONOVER W J. A comparison of three methods for selecting values of input variables in the analysis of output from a computer code[J]. Technometrics, 1979, 21(2): 239-245.

[3] 苏仟. 混合蛙跳算法研究与改进[D]. 西安：西安电子科技大学，2014.

[4] 毛安民，李安然. 薛定谔方程及薛定谔–麦克斯韦方程的多解[J]. 数学学报，2012，55（3）：425-436.

[5] CLERC M, KENNEDY J. The particle swarm: explosion, stability, and convergence in a multi-dimensional complex space[J]. IEEE transactions on evolutionary computation, 2002, 6(1): 58-73.

[6] 肖红，李盼池. 改进的量子行为粒子群优化算法及其应用[J]. 信息与控制，2016，45（2）：157-164.

[7] SHANNON C E. Prediction and entropy of printed english[J]. The Bell System technical journal, 1951, 30(1): 50-64.

[8] 李彦苍，彭扬. 基于信息熵的改进人工蜂群算法[J]. 控制与决策，2015，30（6）：1120-1125.

[9] 周书敬，李彦苍. 房地产投资方法与应用[M]. 北京：兵器工业出版社，2013.

[10] 李世军. 非概率可靠性理论及相关算法研究[D]. 武汉：华中科技大学，2013.

[11] BEN-HAIM Y. A non-probabilistic concept of reliability[J]. Structural safety, 1994, 14(4): 227-245.

[12] BEN-HAIM Y. A non-probabilistic measure of reliability of linear systems based on expansion of convex models[J]. Structural safety, 1995, 17(2): 91-109.

[13] BEN-HAIM Y, ELISHAKOFF I. Discussion on: a non-probabilistic concept of reliability[J]. Structural safety, 1995, 17(3): 195-199.

[14] 曹鸿钧，段宝岩. 基于凸集合模型的非概率可靠性研究[J]. 计算力学学报，2006，22（5）：546-549.

[15] 罗阳军，亢战. 超椭球模型下结构非概率可靠性指标的迭代算法[J]. 计算力学学报，2009，25（6）：747-752.

第5章　基于人工蜂群算法的结构可靠性分析

5.1　基本人工蜂群算法

5.1.1　人工蜂群算法概述

蜂群算法（bee colony algorithm，BCA）是由英国学者 Pham 根据蜜蜂采集行为，结合群智能算法提出的模型。该算法是基于启发式搜索，通过群体中个体间的信息交流，寻找最优食物源的典型群智能算法。2001 年，Abbass 根据蜜蜂的繁殖行为，提出了蜜蜂交配优化（honey bee mating optimization，HBMO）算法。此外，还有蜜蜂进化型遗传算法和蜂王算法等，在本质上都是遗传算法的改进。2005年，土耳其学者 Karaboga 提出了人工蜂群算法（artificial bee colony algorithm，ABC）模型，该算法基于蜜蜂觅食行为建立，在处理多变量函数优化问题上具有设置参数较少、运算简便、收敛速度快等优点[1]。经过国内外众多学者的研究探索，人工蜂群算法已经成功应用于函数优化问题、组合优化问题、图像识别和处理等领域。

蜜蜂种群中单一个体对食物源的搜索过程的集合构成了蜜蜂群体智能行为。蜜蜂实现群体智能包含食物源、雇佣蜂、未雇佣蜂 3 个基本要素，以及对食物源的采摘和放弃两种行为模式。其中，自然界中食物源的收益率评定包含许多因素，如食物源的位置、食物源的质量、食物源开采的难易程度等。在人工蜂群算法中，以食物源的收益率表示以上各个参数。在蜂群中，雇佣蜂也称引领蜂，引领蜂与它们访问的食物源一一对应，它们携带着对应食物源的收益率信息，在蜂巢与其他蜜蜂分享。在蜂巢中，未被雇佣蜜蜂包括跟随蜂和侦察蜂。侦察蜂搜索蜂巢附近的食物源，跟随蜂在蜂巢根据引领蜂传递的信息选择食物源进行访问。一般情况下，假设侦察蜂数量占整个蜂群的 5%～10%。

在蜜蜂群体中，蜜蜂间的信息交换是实现蜂群正常运作的关键。现实中，蜂巢存在着几个分区，其中最重要的是舞蹈区，蜜蜂之间通过摆尾舞在舞蹈区交流有关食物源的信息。跟随蜂通过引领蜂的摆尾舞判断食物源的收益率，然后选择最有利的食物源。食物源的收益率越高，跟随蜂选择该食物源的概率就越大，选择概率与食物源的收益率成正比。

在蜂群算法实例中，算法自组织的基本特征满足如下 4 点。

（1）正反馈：食物源的收益率提高，访问该食物源的跟随蜂随之增加。

（2）负反馈：停止对被蜜蜂放弃的食物源进行访问。

（3）变动：侦察蜂随机搜索发现新的食物源。

（4）群体间的多级交互：引领蜂在舞蹈区与跟随蜂传递食物源信息。

同时，算法还满足构成群智能的 5 项原则。

（1）邻近原则：种群能作简单的时空计算。

（2）质量原则：种群能对环境中的食物质量做出反应。

（3）多样性原则：种群将所有资源分配到整个群。

（4）稳定性原则：种群在外部环境变化时，一般情况下不改变其行为模式。

（5）适应性原则：群在值得改变行为模式时改变以适应环境变化。

在人工蜂群算法中，蜜蜂被分为以下 3 种类型：引领蜂、跟随蜂、侦察蜂。其中，引领蜂和跟随蜂的数量相同且各占种群数量的一半，一只引领蜂对应一个食物源，换言之，蜂巢附近食物源的数量等同于引领蜂的数量，一旦一个食物源被放弃，则对应该食物源的引领蜂转换成侦察蜂。

主要流程如下。

（1）食物源位置确定。

（2）引领蜂访问食物源并计算食物源的蜜源数量。

（3）跟随蜂通过引领蜂传递的信息计算食物源的收益率，并对收益率高的食物源进行概率选择。

（4）停止访问被放弃的食物源。

（5）侦察蜂在搜索范围内随机寻找新的食物源。

（6）记录当前最好的食物源。

（7）循环，直到运算结束或运算结果达到要求。

在真实的蜜蜂种群中，捕获率代表了群智能算法的搜索速度。在人工蜂群算法中，捕获率代表复杂优化问题可行解被发现的速度。蜜蜂种群的延续依靠的是快速发现并高效利用最好食物源的能力，同样，对于复杂的工程优化问题，可行解需要在有限的时间内被发现。

与其他群智能算法相比，人工蜂群算法具有稳健性强、计算简便等优点[2]，但其仍存在收敛速度慢、计算精度不高、易早熟等缺陷。针对上述缺陷，众多学者提出了一系列的改进方案。例如，Alam 等对替换解邻域的生成范围进行改进，设置缩放因子使算法在搜索过程中能够动态自适应地改变步长以搜索最优解[3]；Guo 等为蜂群算法的变异操作增加一些调节项，以提高算法寻优效率[4]；Bolaji 等使用回溯算法产生可行的初始解，确保所有解在人工蜂群算法中的可行性和多样性[5]；El-Abd 借鉴粒子群优化算法整体更新的思想改进人工蜂群算法[6]；Rajasekhar 等利用莱维算子高效的搜索特性来提高算法搜索速度[7]；Gao 和 Liu 基于差分进化算法对人工蜂群算法的搜索策略进行改进，进而提出针对人工蜂群算法搜索过程的两种改进方法[8-9]；刘三阳等提出了基于局部搜索的人工蜂群算法[10]，保证了初始化解的群体的丰富性和多样性，提高了搜索精度；罗钧和李研将混沌序列引入人工蜂群算法，利用其随机性、遍历性、初始条件敏感性等特点改进了人工蜂群算法[11]；暴励和曾建潮提出一种双种群差分算法，有助于搜索效率与精度的提高和改善，并且可有效避免早熟[12]；步登辉和李景采用排序选择方式动态调整选择压力，通过对指数进行拉伸，避免了适应度跨度过大的问题[13]；胡珂等利用解的适应度大小差异比较值引导优化方向，改进了人工蜂群算法本身随机性大的缺陷[14]；王慧颖等在引领蜂的搜索模式中加入全局最优解和个体极值的信息，引入异步变化学习因子，克服了算法收敛精度较低、易早熟的缺陷[15]；葛宇和梁静基于极值优化策略改进人工蜂群算法，提高了算法的收敛精度和速度[16]。以上研究均大大推动了人工蜂群算法的发展，但是在如何克服其收敛精度不高、早熟等缺陷上仍需进一步深入研究。

5.1.2　人工蜂群算法的基本原理

受蜜蜂觅食行为的启发，研究人员提出了人工蜂群算法，它被认为是模拟真实蜜蜂行为的一种新的用于解决多维多峰优化问题的群智能算法。在该群智能算法中，蜂群被分为 3 部分：引领蜂、跟随蜂、侦察蜂。引领蜂最先对食物源进行访问，跟随蜂在跳舞区域做决定并对某个食物源进行访问，侦察蜂是随机搜索的蜜蜂。每个食物源与引领蜂一一对应，由此可知，食物源数量与引领蜂数量相等。食物源耗尽后，该食物源的引领蜂变为侦察蜂。

在第一阶段，食物源位置都是随机选择并且它们的花蜜量是确定的，引领蜂返回蜂巢后分享食物源的信息；在第二阶段，每个引领蜂记录先前访问的食物源，然后在先前食物源邻域内选择一个新的食物源；在第三阶段，每个跟随蜂根据引领蜂传达的信息选择一个食物源，食物源越好，跟随蜂选择该食物源的概率就越大。当一个食物源被放弃，一个新的食物源被侦察蜂随机选择并替换先前的食物源。在每次循环中，至多有一个侦察蜂寻找新的食物源，并且引领蜂数量等于跟随蜂的数量。在人工蜂群算法中食物源的位置代表可能解，花蜜数量代表相关解的适应度，引领蜂和跟随蜂数量等于解的数量。人工蜂群算法生成 SN 个解，SN 代表种群的规模，每个解是一个 D 维向量，引领蜂或侦察蜂在先前解的邻域内创造一个新解，并测试新解的适应度，新解的产生依据下式：

$$v_{ij} = x_{ij} + q_{ij}(x_{ij} - x_{kj}) \tag{5-1}$$

式中，v_{ij}——新解；

$\quad\quad x_{ij}$——已知解，$k \neq i$；

$\quad\quad x_{kj}$——第 k 只蜜蜂对应的解，$k \neq i$；

$\quad\quad q_{ij}$——区间 $[-1,1]$ 中的一个随机数。

若新解优于旧解，则替换旧解，否则保留旧解。引领蜂返回蜂巢后，在舞蹈区分享信息，跟随蜂重新选择，依据下式：

$$p_i = \frac{\mathrm{fit}_i}{\sum_{i=1}^{n} \mathrm{fit}_i} \qquad\qquad (5\text{-}2)$$

式中，p_i——选择概率；

fit_i——适应度值。

在人工蜂群算法中，如果一个解在 limit 次循环后无改进就放弃。

5.1.3　人工蜂群算法的数学模型

在自然界中，蜜蜂作为一种群居昆虫，群体内通过个体间的交流转换实现群体智能，群体包括蜂王、工蜂、雄蜂等个体，其中单一个体极其简单，工蜂外出寻找蜜源，返回蜂巢后通过摇摆舞与其他工蜂交换信息，进而寻找到最优蜜源。人工蜂群算法选择工蜂作为研究对象，将工蜂分为侦察蜂、引领蜂和跟随蜂，蜜源代表可行解，蜜源的优劣由适应度表示，最优蜜源即最优解，工蜂间的采蜜、信息交流及反馈就是寻找最优解的过程。

人工蜂群算法生成含有 SN 个解的初始种群，每个解就是一个食物源，每个食物源是一个 D 维向量 $\boldsymbol{x}_i = |x_{ij}|(i, j = 1, 2, \cdots, \mathrm{SN})$。设置蜜蜂总的循环搜索次数为 MCN。初始化解的产生依照式（5-1）随机产生 SN 个解。

$$x_{ij} = (x_{ij}) + \mathrm{rand}(0,1)[(x_{ij})_{\max} - (x_{ij})_{\min}] \qquad\qquad (5\text{-}3)$$

式中，$(x_{ij})_{\max}, (x_{ij})_{\min}$——$x_{ij}$ 的上、下限；

$\mathrm{rand}(0,1)$——0,1 之间的一个随机数。

人工蜂群算法生成 SN 个解，SN 代表种群的规模，每个解是一个 D 维向量，引领蜂或侦察蜂在先前解的邻域内创造一个新解，并测试新解的适应度，新解的产生依据式（5-1）。

新解好于旧解则替换，否则保留旧解，引领蜂完成搜索过程后，在舞蹈区分享信息，跟随蜂进行重新选择依据式（5-2）。

在人工蜂群算法中，如果一个解在 limit 次循环后无改进就放弃。人工蜂群算法基本流程图如图 5-1 所示。

算法主要步骤如下。

（1）种群初始化。

（2）循环。

① 引领蜂访问食物源；

② 跟随蜂根据引领蜂传递的食物源的蜜源数量信息进行概率选择；

③ 派遣侦察蜂对解空间进行搜索。

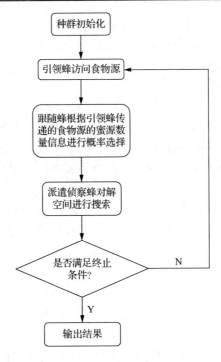

图 5-1　人工蜂群算法基本流程图

（3）结束并记录当前最优解。

在人工蜂群算法中有以下 4 种不同的搜索进程。

（1）全局搜索，跟随蜂依据概率选择可能的解。

（2）局部搜索，在局部区域范围内，引领蜂和跟随蜂对食物源及食物源邻域进行搜索。

（3）贪婪选择，如果新的食物源好于先前的食物源，则引领蜂和跟随蜂放弃原食物源而选择新的食物源，食物源的收益率越高，跟随蜂选择该食物源的概率越大。

（4）随机搜索策略，侦察蜂在搜索空间内随机选择新的食物源。

由以上论述可知，人工蜂群算法有 3 个重要的参数：

① 食物源（可行解）的数量，即引领蜂、跟随蜂的数量；

② limit 循环；

③ 最大循环次数 MCN。

5.1.4　人工蜂群算法的特点

人工蜂群算法的特点如下。

（1）整体性。在自然界中，蜂群作为一个整体生息繁衍，种群中的个体拥有明确的分工，它们之间的信息交流有条不紊。每只蜜蜂独立又相互协作的种群关系，使其具有较高的生产效率，种群在相互协作中形成的整体实现的效益远大于个体，如群体觅食等行为就是蜂群整体性强的最好体现[17]。人工蜂群算法便来源于上述种群行为。人工蜂群算法同样具有诸如遗传算法、粒子群优化算法等群智能优化算法都具备的重要特征[18]。

（2）分布式。在自然界中，蜂群在进行集体工作时，种群中拥有大量的工蜂进行相同的工作，个别蜜蜂是否完成任务并不会影响蜜蜂整体的运作效率。同样，在人工蜂群算法中，个体的搜索结果对整个搜索过程没有影响。简言之，在处理优化问题时，解空间内的各个工蜂的工作互不影响，个别个体的差错或者变异不会影响最终的结果。

（3）自组织。在自然界中，蜜蜂的工作并不是完全独立的，其作为一个整体，通过种群的信息交流以促进种群的进化。人工蜂群算法运行时，工蜂在进行独立工作的同时进行信息交流，它们之间是相互独立又相互协作的，并以此为基础不断寻找解空间内的最优解。

（4）反馈。这就是蜜蜂之间交流的重要性，像蚁群算法一样，人工蜂群算法也存在个体之间的信息反馈，以便个体独立做出判断，不断趋向寻找最优解。

人工蜂群算法的优点可以概括为以下几点。

（1）运算简便。人工蜂群算法控制参数少，相对重要的参数有种群规模 SN、最大迭代次数 MCN、控制参数 limit。

（2）稳健性强。人工蜂群算法具有较强的全局搜索能力，由于其控制参数少，受参数影响小，其在运算过程中的稳定性相对较高。

（3）适用性强。人工蜂群算法易与其他技术结合以改进原算法，既能解决连续优化问题，又适用于组合优化问题。对于复杂的组合优化问题，其寻优能力表现更突出。

人工蜂群算法自被提出以来，就因具有诸多优点和广泛的适用性而受到越来越多学者的关注。但随着研究的日益深入，人工蜂群算法的许多关键问题有待解决，一些不足也暴露出来。人工蜂群算法的缺点可以概括为如下几点。

（1）参数设置的科学性较低。虽然人工蜂群算法的控制参数较少，但其对算法的影响很大，然而参数值的设置一般是依据经验值，如引领蜂、跟随蜂的数量选择，侦察蜂的数量规模。

（2）易陷入局部最优。随着优化问题日益复杂，规模日益增大，人工蜂群算法面临运行后期易陷入局部最优解的问题。

（3）应用性不足。人工蜂群算法是近些年提出的新兴技术，相比遗传算法、蚁群算法等历史较久的智能算法，人工蜂群算法尚不成熟，其主要在函数的优化问题上进行仿真模拟。

（4）不适应计算机技术的发展。人工蜂群算法主要是串行计算，而计算机技术是朝着并行和分布式发展的。

5.2　改进人工蜂群算法

5.2.1　基于信息熵的改进人工蜂群算法

通过对人工蜂群算法原理的分析并参考近年来国内外学者对算法的研究成果可知，造成算法缺陷的原因主要是其初始化过程中的随机性及运行过程中选择过程的随机性和不确定性。本节提出的改进方法就是针对人工蜂群算法运行过程中的选择策略而提出的。在人工蜂群算法中，跟随蜂依据引领蜂传递的信息对食物源进行概率选择，该选择过程具有随机性和盲目性，这就造成了算法收敛过程的不稳定性。在算法运行后期，由于跟随蜂选择的食物源易集中于某局部搜索空间，算法全局搜索能力下降，这就使算法易陷入局部最优。

人们对于某事件的结果不具备可预见性，事件结果具有不确定性，这种不确定性从事件发生一直持续到结束。根据信息论的原理，给定结果出现不确定性依赖于该结果的可能性。事件结果的不确定性通常由信息熵来度量[19]。基于此，本节引入信息熵对人工蜂群算法选择策略进行改进，通过信息熵对算法运行过程中跟随蜂的选择概率进行度量，以调整其选择策略。该改进方法增强了算法的搜索能力，降低了算法运行后期选择策略的盲目性和不确定性。

1948 年香农（Shannon）提出信息熵的概念，用于解决对信息的量化度量问题，经过半个多世纪的发展演变，出现了用于一般系统的概率测度熵，用来描述系统整体的不确定性[20]。对于离散型随机变量，其熵值为

$$H(x) = -\sum_{i=1}^{n} p_i \ln p_i \tag{5-4}$$

式中，p_i——各状态发生的概率，$p_i \geq 0$，$\sum_{i=1}^{n} p_i = 1$。

信息熵具有以下性质。
（1）对称性。任意交换变量 $p_1, p_2, \cdots, p_n$ 的顺序，熵函数的值不变。
（2）非负性。
（3）确定性。若随机变量的概率空间中的某一个概率分量等于 1，其他随机变量等于 0，则随机变量的熵值一定等于 0。
（4）可加性。
（5）极值性。

由于跟随蜂选择食物源具有不确定性，而信息熵本身可度量事件发生具有不确定性，所以我们将信息熵引入人工蜂群算法，利用基于信息熵的改进人工蜂群算法中的选择过程，降低选择不确定性对寻优结果的影响。信息熵的引入使算法在搜索过程中进行自适应调节，其值为

$$H(\text{fit}) = -\sum_{i=1}^{n} p_i \ln p_i \tag{5-5}$$

$$p_i = \frac{\text{fit}_i}{\sum_{i=1}^{n} \text{fit}_i} \tag{5-6}$$

可引入

$$\alpha = \frac{H_{\max} - H}{H_{\max}} \tag{5-7}$$

$$\beta = 1 - \frac{H_{\max} - H}{2H_{\max}} \tag{5-8}$$

式中，α ——允许适当小范围内选择食物源的跟随蜂的比例；

　　　β ——最优食物源被选择的概率；

　　　$H_{\max}$ ——最大熵值，取 $p_i = \dfrac{1}{\text{Dim}}$ 时的熵值，其中 Dim 为优化对象维数。

将 α, β 引入式（5-1）和式（5-2），得到

$$p_i = \frac{\alpha \cdot \text{fit}_i}{\sum_{i=1}^{n} \text{fit}_i} \tag{5-9}$$

$$v_{ij} = x_{ij} + \frac{q_{ij}}{\beta}(x_{ij} - x_{kj}) \tag{5-10}$$

在算法运行的早期，α 较小，这使跟随蜂尽量均匀地分布于初始解空间，使侦察蜂和引领蜂尽可能地搜索解空间。后期随着 α 的增大，算法的局部搜索能力增强，可避免早熟收敛。对于 β，由于在算法运行初期时的值较大，保证了算法尽可能地寻找最优解，后期随着熵值的变化而减小，增加了搜索范围，可避免早熟。此处将 α, β 引入至整个搜索过程，由信息熵值的变化改变 α, β 值的大小，进而改变搜索过程，提高搜索效率，实现算法的自适应调节。

对于算法运行的终止条件，该改进方法选择信息熵作为结束标准，通过比较确定当熵值小于某设定的稍大于 0 的值时，终止算法运行，输出结果。这样也可实现算法的自适应调节。自适应调节作为算法改进的核心思想，其原理就是算法在运行过程中，通过 α, β 及控制参数 limit 的相互协作，实现算法运行过程的自我调节，由 α, β 的变化来调整搜索过程，克服蜂群算法易陷入早熟等缺陷。

改进后算法的基本流程图如图 5-2 所示。其算法改进后的基本流程如下。

（1）派引领蜂到各个初始食物源并计算它们的蜜源数量。引领蜂返回蜂巢，通过摆尾舞向跟随蜂传递食物源的收益率。

（2）跟随蜂通过引领蜂传递的信息依据式（5-3）对食物源进行概率选择，跟随引领蜂依据式（5-4）对食物源进行访问并在食物源附近邻域寻找新的食物源。其间，计算每个食物源适应度的信息熵值和 α, β 的值，而后更新 α, β，并依据

式（5-9）和式（5-10）进行对食物源的选择和新食物源的搜索，直到算法结束，从而达到调整算法的搜索能力和范围的目的。

（3）侦察蜂自始至终对搜索空间进行随机搜索，一旦某个食物源被放弃，侦察蜂随机找到一个新的食物源进行替换。

（4）算法运行过程中，食物源访问次数如果达到设定的 limit 值，则放弃该食物源，同时当信息熵值达到设定的终止值时，算法终止运行并输出结果。

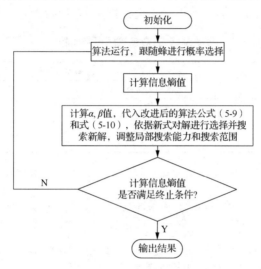

图 5-2　改进人工蜂群算法流程图

5.2.2　改进人工蜂群算法仿真实验

为验证改进人工蜂群算法的有效性，选择 3 个标准测试函数对该改进算法进行性能测试，并对 TSP Cha31 和 Rl1889 问题进行模拟仿真验证其收敛速度的增加，通过对 10 杆桁架结构和 25 杆桁架结构进行基于可靠性的桁架结构离散变量结构模型优化设计，验证其计算结构可靠性的可行性。

1. 测试函数

挑选 Sphere 函数、Rosenbrock 函数、Rastrigin 函数，其定义如下：
（1）Sphere 函数为

$$f_1(x) = \sum_{i=1}^{n} x_i^2 \tag{5-11}$$

式中，x 的取值范围为 $[-5.12, 5.12]$。

（2）Rosenbrock 函数为

$$f_2(x) = 100(x_2 - x_1)^2 + (x_1 - 1)^2 \tag{5-12}$$

式中，x 的取值范围为 $[-2.048, 2.048]$。

（3）Rastrigin 函数为

$$f_3(x) = \sum_{i=1}^{n} [x_i^2 - 10\cos(2\pi x_i) + 10] \tag{5-13}$$

式中，x 的取值范围为[−5.12, 5.12]。

以上函数维数均为 30。人工蜂群算法基本控制参数：种群规模 SN 为 100，最大迭代次数 MCN 为 300，控制参数 limit 为 50，当熵值 H 小于 0.0001 时算法结束。

函数运算经过 30 次运算取得平均值，结果如表 5-1 所示。

表 5-1　函数运算结果及比较

函数	运算结果的平均值	
	改进人工蜂群算法	基本人工蜂群算法
Sphere	3.11×10^{-14}	6.92×10^{-14}
Rosenbrock	4.72×10^{-3}	8.46×10^{-3}
Rastrigin	7.19×10^{-13}	4.97×10^{-12}

2. TSP

通过对经典 TSP 中的 Chn31 和 Rl1889 问题进行仿真实验，来验证改进人工蜂群算法与基本人工蜂群算法的算法性能。Chn31 问题中人工蜂群参数的基本选取：最大迭代次数 MCN 为 200，limit 取值为 10，当熵值 H 小于 0.0001 时算法结束。TSP Chn31 问题测试结果如表 5-2 和图 5-3 所示。

表 5-2　TSP Chn31 问题测试结果

对比项	已知最优解	改进人工蜂群算法	基本人工蜂群算法
最优解	15381	15451	15736
迭代次数	—	57	81

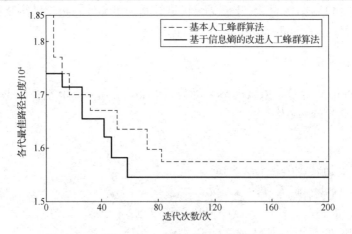

图 5-3　TSP Chn31 问题中迭代曲线对比图

从以上实验结果可知，在处理 TSP Chn 31 问题时，本节基于信息熵的改进人工蜂群算法在迭代第 57 代时就达到最优解 15451，要好于基本人工蜂群算法第 81 代达到的最优解 15736。因此，本节基于信息熵的改进人工蜂群算法相比于基本人工蜂群算法有着更好的寻优能力。

对于 Rl1889 问题，人工蜂群算法基本参数设定：最大迭代次数 MCN 为 2000，limit 设定为 100，当信息熵 H=0.0001 时算法终止。Rl1889 问题测试结果如表 5-3 和图 5-4 所示。

表 5-3　TSP Rl1889 问题测试结果

对比项	已知最优解	基于信息熵的改进人工蜂群算法	基本人工蜂群算法	蚁群算法
最优解	316536	325007	329788	329537

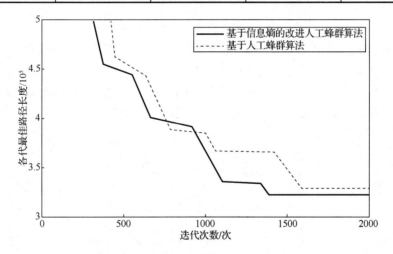

图 5-4　TSP Rl1889 问题迭代曲线对比图

3. 桁架结构优化设计

（1）设计变量 A_i 是杆件截面面积。

（2）桁架结构杆件总质量为目标函数：

$$\min W = \rho_m \sum_{i=1}^{M} A_i L_i \tag{5-14}$$

式中，W ——桁架结构杆件总质量；

$\quad\quad$ ρ_m ——材料密度；

$\quad\quad$ A_i ——第 i 个杆件的截面面积；

$\quad\quad$ L_i ——第 i 个杆件的长度。

（3）约束条件。

① 应力约束：$\sigma_i \leqslant [\sigma_i]$。$[\sigma_i]$，$\sigma_i$ 分别是杆件的许用应力和最不利应力。

② 位移约束：$\mu_j \leqslant [\mu_j]$。$[\mu_j]$，μ_j 分别是杆件的允许位移值和最大位移值。

③ 设计变量的上下限：$A_i \in \{S\}$。$\{S\}$ 是杆件截面尺寸变量的集合。

（4）可靠性约束为

$$[\beta_i] - \beta_i \leqslant 0 \tag{5-15}$$

式中，β_i——可靠指标；

　　　$[\beta_i]$——可靠指标允许值，这里取 $[\beta_i] = 3.4$。

桁架结构在节点荷载作用下，各杆件为轴心受力杆件，杆件 i 的可靠指标 β_i 与杆件截面面积 A_i 的关系如下：

$$\beta_i = \frac{(A_i - A_i^{(0)})f_i + M_{Ri}^{(0)} - M_{Si}}{\sqrt{(\sigma_{Ri}^{(0)})^2 + \sigma_{Si}^2}} \tag{5-16}$$

式中，$M_{Ri}^{(0)}, \sigma_{Ri}^{(0)}$——杆件 i 截面面积的平均值和标准差；

　　　M_{Si}, σ_{Si}^2——杆件 i 的荷载效应 S_i 的平均值和标准差。

我们将桁架结构优化问题转化成组合优化问题，即将目标函数（桁架结构的总质量）转换成总路径长度，将各个杆件的截面面积与杆件长度相乘的结果转换成各个点路径间的长度。桁架结构优化的流程图如图 5-5 所示。

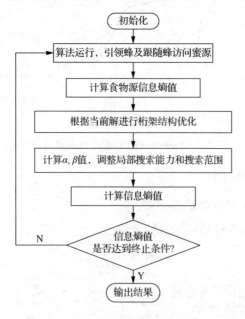

图 5-5　桁架结构优化的流程图

改进后人工蜂群算法桁架结构优化流程如下。

（1）派引领蜂到各个初始食物源并计算它们的蜜源数量，引领蜂返回蜂巢通过摆尾舞向跟随蜂传递食物源的收益率。

（2）依据现在得到的解进行桁架结构的优化。

（3）跟随蜂通过引领蜂传递的信息对食物源进行概率选择，然后跟随引领蜂对食物源进行访问并在食物源附近邻域寻找新的食物源，而后计算每个食物源适应度的信息熵值和 α,β 的值，更新 α,β 并调整算法的搜索能力和范围。

（4）算法运行过程中，食物源访问次数如果达到设定的 limit 值，则放弃该食物源，同时信息熵值如果达到设定的终止值，则算法终止运行并输出结果。

算例 1　选取 10 杆件平面桁架结构，如图 5-6 所示。该平面桁架有 6 个节点和 10 个设计变量。桁架结构选用铝制材料。弹性模量 $E=68.96\text{GPa}$，密度 $\rho=2715.08\text{kg/m}^3$，桁架结构的许用应力为 172.4MPa。在节点②和节点④上有向下的集中荷载 $P=444.89\text{kN}$，每个节点 Y 方向上的位移允许值为 50.88mm，杆件截面的最小面积为 0.645cm^2，各杆件许用离散变量集如表 5-4 所示。人工蜂群算法的基本参数为 limit =10，终止的信息熵值为 0.001。10 杆桁架优化结果对比如表 5-5 所示。

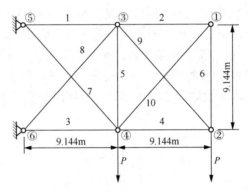

图 5-6　10 杆件平面桁架结构

表 5-4　平面桁架各杆件许用离散变量集　（单位：cm^2）

序号	面积	序号	面积	序号	面积	序号	面积
1	0.645	11	48.38	21	96.75	31	161.3
2	3.225	12	51.60	22	103.2	32	167.7
3	6.450	13	54.83	23	109.7	33	173.1
4	12.90	14	58.05	24	116.1	34	183.2
5	19.35	15	61.28	25	122.6	35	190.5
6	25.80	16	64.50	26	129.0	36	195.8
7	32.25	17	70.95	27	135.5	37	202.0
8	38.70	18	77.40	28	141.9	38	207.6
9	41.93	19	83.85	29	148.4	39	211.2
10	45.15	20	90.30	30	154.8	40	216.8

表 5-5　10 杆桁架优化结果对比

杆件编号	杆件截面面积/mm²	
	相对差商法	改进人工蜂群算法
1	20000.0	18400
2	64.5	64.5
3	14190	14050
4	9675	9490
5	64.5	64.5
6	64.5	475
7	5160	4380
8	14190	11580
9	14190	14070
10	64.5	64.5
杆件结构总质量/kg	227370	211269

根据表 5-5 的对比结果，基于信息熵改进的人工蜂群算法在平面桁架结构优化问题上比相对差商法更有优势，桁架结构更安全也更经济。

算例 2　选取 25 杆件空间桁架结构，如图 5-7 所示，其中，l 表示长度。人工蜂群算法的基本参数：种群规模为 25，limit=10，终止信息熵值为 0.001。25 杆件空间桁架结构的基本参数如表 5-6 所示，荷载情况如表 5-7 所示，优化结果对比如表 5-8 所示。

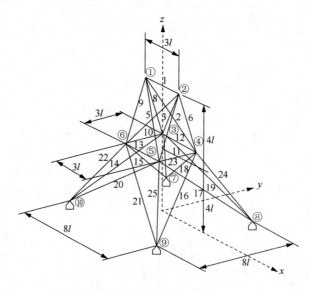

图 5-7　25 杆件空间桁架结构

表 5-6　25 杆件空间桁架结构基本参数

杆件长度/m	弹性模量/MPa	材料密度/（kg/m³）	许用应力范围/MPa	1、2 节点的最大竖向位移/mm
0.635	$6.895×10^4$	$2.678×10^3$	[−275.8,275.8]	8.889

表 5-7　25 杆件空间桁架结构荷载情况　　　　　　（单位：kN）

节点编号	F_x	F_y	F_z
①	4.448	44.482	−22.241
②	0	44.482	−22.241
③	22.241	0	0
④	22.241	0	0

表 5-8　25 杆件空间桁架结构优化结果对比

组别编号	杆件截面面积/mm²		
	改进遗传算法	粒子群优化算法	改进人工蜂群算法
1	65.7	64.516	64.9
2	242.6	228.5	234.5
3	2287.5	2237.6	2230.1
4	65.12	64.516	63.149
5	1245.8	1227.9	1226.1
6	505.1	506.9	501.7
7	92.1	83.9	89.5
8	2523.4	2575.7	2568.3
桁架结构总质量/kg	246.436	216.339	214.702

由算例 2 可知，相同约束条件下，改进人工蜂群算法在 25 杆空间桁架结构优化问题上比改进遗传算法和粒子群优化算法更有优势；改进人工蜂群算法优化后的桁架总质量为 214.702kg。通过表 5-8 可以得出，基于信息熵的改进人工蜂群算法在收敛速度和精度上要优于改进遗传算法和粒子群优化算法。

由于传统的优化方法不再适用离散变量的桁架结构优化，因此以计算机为平台的人工智能优化算法受到越来越多的关注。随着人工蜂群算法的发展，它的优势越来越明显，但是缺陷也逐渐暴露出来。本节基于信息熵的改进人工蜂群算法，增强了算法的局部搜索能力和收敛精度，通过引入人工蜂群算法对桁架结构进行优化，减少了结构重分析次数，并且符合基于可靠性的桁架结构优化的特点，它使桁架结构更趋于经济合理。通过桁架结构算例分析和比较其他智能算法，基于信息熵的改进人工蜂群算法是可行有效的。

5.3 改进人工蜂群算法在结构优化中的应用

5.3.1 结构可靠指标及失效概率的计算

结合可靠指标的几何意义，我们可以建立相应风振计算模型。首先，根据等概率原则将非正态随机变量转化为标准正态随机变量。然后，在建立标准正态空间内建立极限状态方程。最后，以极限状态方程为约束，通过改进人工蜂群算法，对极限状态曲面到远点的最短距离进行搜索，最终求得可靠指标和验算点。

1. 算法模型

设 U 为 n 维标准正态空间 Ω 内的向量，$S(u_1, u_2, \cdots, u_n)$ 为该空间内的极限状态曲面。设 Ψ 为随机变量的原始分布空间，X 为该空间的向量，$x_1, x_2, \cdots, x_n$ 为独立非正态随机变量，$F(X_1), F(X_2), \cdots, F(X_n)$ 为其累积分布函数，极限状态函数为

$$Z = g_x(x_1, x_2, \cdots, x_n) = 0 \tag{5-17}$$

设 Φ 为标准正态累积分布函数，根据等概率原则可得

$$F(x_i) = \Phi(u_i) \tag{5-18}$$

由式（5-18）可知

$$\begin{cases} x_i = F_{x_i}^{-1}[\Phi(u_i)] \\ u_i = \Phi^{-1}[F(x_i)] \end{cases} \tag{5-19}$$

在式（5-19）中，$F_{x_i}^{-1}$ 和 Φ^{-1} 分别为 F_{x_i} 和 Φ 的反函数，将式（5-19）代入式（5-17），可得在标准正态空间内的极限状态函数为

$$Z = g_x\{F_{x_1}^{-1}[\Phi(u_1)], F_{x_2}^{-1}[\Phi(u_2)], \cdots, F_{x_n}^{-1}[\Phi(u_n)]\} = g_u(u_1, u_2, \cdots, u_n) \tag{5-20}$$

在实际工程中，常见的随机变量分布类型有两种：正态分布和对数正态分布，由此可得

$$x_i = u_{x_i} + \sigma_{x_i} u_i \tag{5-21}$$

若 x_i 为独立对数正态分布，均值为 u_{x_i}，变异系数为 δ_{x_i}，u_i 为标准正态分布，则

$$\begin{cases} x_i = e^{(u_{\ln x_i} + \sigma_{\ln x_i} u_i)} \\ u_{\ln x_i} = \ln(u_{x_i} / \sqrt{1 + \delta_{x_i}^2}) \\ \sigma_{\ln x_i} = \sqrt{\ln(1 + \delta_{x_i}^2)} \end{cases} \tag{5-22}$$

将非正态随机变量映射到标准正态空间后，搜索极限状态曲面到原点的最小距离，该问题可以转化成求解极限状态方程约束的优化问题，即

$$\begin{cases} \min \sqrt{u_1^2 + u_2^2 + \cdots + u_n^2} \\ \text{s.t. } g_u(u_1, u_2, \cdots, u_n) \end{cases} \tag{5-23}$$

对于含有等式约束的优化问题，采用罚函数法将其转化成无约束优化问题：

$$\min \sqrt{u_1^2 + u_2^2 + \cdots + u_n^2} = \lambda \xi[g_u(u_1, u_2, \cdots, u_n)] \tag{5-24}$$

式中，λ——罚函数因子。

$\qquad \xi$——罚函数。常用的罚函数有 $x \to x^2$ 和 $x \to |x|$ 两种，本节采用第二种；

$\qquad\quad \lambda$ 反映惩罚程度的轻重，根据可靠指标的量级，采用 $\lambda = 1$。

2. 算法实现及验证

由于人工蜂群算法需在 MATLAB 中运行计算，本节重点论述其改进方法在 MATLAB 中的实现。为了成功运行改进人工蜂群算法，整个改进后算法的运行过程分为以下两步。

（1）蜜蜂种群及食物源的初始化和生成过程，用 InitColonyProcess 表示。

（2）蜜蜂种群寻找目标函数可行解的过程，用 SearchProcess 表示。

改进人工蜂群算法流程图如图 5-8 所示。

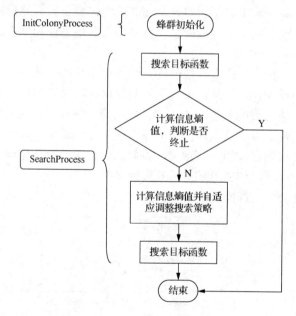

图 5-8　改进人工蜂群算法流程图

这里我们以 Sphere 函数为例，对算法的重要改进及实现用以下源代码表示。

（1）加入信息熵及其终止条件，并定义 α, β 与信息熵 H 的关系。

```
# define H=0.0001; %/*The terminal condition{a stopping
criteria}*/
……
H[fitness]=-sum[prob(i)logprob(i)];
alpha=[max(H)-H]/max(H);
```

```
beta=1-[max(H)-H]/[2*max(H)];
```

（2）将 α, β 引入，重新定义 prob(i)。

```
prob(i)=\alpha*fitness(i)/sum(fitness);
v_{ij}=x_{ij}+\beta*\phi_{ij}*(x_{kj}-x_{ij})/
```

最终，我们将目标函数 Sphere 换成第 4 章求出的无约束优化问题函数即可。

3. 基于改进人工蜂群算法的空间结构可靠性分析流程

群智能算法在近几年得到了广泛应用，但众所周知，它们在拥有各自优势的同时也存在着各种各样的缺陷。因此，要充分利用算法的优势，克服它们的缺点，在处理所需问题时扬长避短，以取得理想的结果。

赵丹亚等提出基于双层进化的多种群并行人工蜂群算法[21]。高永琪等提出基于微分进化的蚁群算法用于潜航器航路规划[22]。夏立荣等提出基于动态层次分析的自适应多目标粒子群优化算法并在工程中应用[23]。一些研究学者将多种群算法进行结合，取长补短，提高了适用性，还有一些研究是针对算法本身的改进。人工蜂群算法具有较好的全局收敛能力，且易于与其他方法相结合，但局部搜索性差，容易陷入局部最优。

为了更好地发挥人工蜂群算法的优点，克服自身的缺陷，首先分析造成人工蜂群算法缺陷的原因，然后从问题入手，对算法在收敛过程中的搜索策略进行改进，这里引入了信息熵的概念，通过信息熵对蜂群在选择目标函数可行解的过程中，降低不确定性对算法结果的影响，使算法避免出现早熟等现象。本节的方法就是通过结构的可靠指标的几何意义，将问题转化成函数优化问题，通过本节的计算方法，进而计算结构的可靠指标和失效概率。

结构可靠性分析流程图如图 5-9 所示。

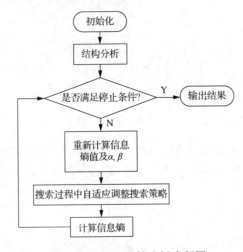

图 5-9　结构可靠性分析流程图

5.3.2 工程实例

1. 计算模型

目前在玻璃幕墙支撑体系中，空间桁架支撑体系应用较多，所占比例较大。众所周知，空间桁架结构体系是一个整体结构，所以空间桁架结构无须其他结构或支撑就能承受和保证其稳定性和安全性。另外，空间桁架结构具有较强的适应性，这是因为空间桁架杆件之间是铰接的，每个节点都包含 3 个自由度，这就保证了其适用于不规则建筑物的外观设计。

在实际工程中，点支式玻璃幕墙的空间桁架支持体系形式多样，结构复杂，其作用方式也不尽相同。为验证本节方法的可行性，这里我们选取较为规则的空间桁架支撑体系作为仿真实验的对象，并以结构可靠指标、失效概率和挠度作为结构可靠性的判断依据。所选取的空间桁架支撑体系如图 5-10 所示。

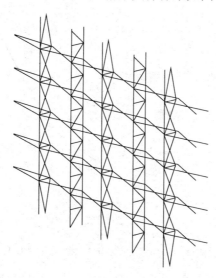

图 5-10 空间桁架支撑体系

空间桁架支撑体系总体尺寸为 12m×12m。其中桁架主杆规格为 $\phi 89mm \times 5mm$，支杆采用 $\phi 57mm \times 3.5mm$，网格尺寸为 2m×2m，支撑杆采用 $\phi 48mm \times 3.5mm$，弹性模量为 206GPa，材料为不锈钢，密度为 $7.85 \times 10^3 kg/m^3$，桁架截面高为 550mm。幕墙顶端距地面高度为 30m，点支式玻璃幕墙处于东南某沿海地区，基本风压为 $1.2kN/m^2$，地表粗糙度为 C。

通过计算所得的空间桁架结构在风荷载作用下的挠度值如果超过规定的最大挠度限值，即视为结构失效。

2. 荷载作用分析

假设幕墙支撑结构只承受风荷载作用，由第 1 章～第 4 章的研究可知，风荷载是随机变化的，其变化会受到环境等诸多方面因素的影响。首先，需要确定的是当地风荷载的标准值；其次，通过计算出的风荷载标准值，我们可以得到风荷载的概率分布函数。

通过查阅当地气候资料，可知当地基本风压为 $\omega_0 = 1.2\text{kN/m}^2$，风压高度变化系数为 $\mu_z = 0.616[z/10]^{0.44}$，风荷载体型系数 $\mu_s = 0.8$，根据第 4 章推导出的计算简式计算 $\beta(z)$。将上述值带入公式 $W_k = \beta(z)\mu_s\mu_z\omega_0$ 进行计算。同时，由于该公式求得的风荷载标准值与高度之间存在一定的函数关系，且该影响不可忽略，因此，我们将高度变化的影响带入 $W_k = \beta(z)\mu_s\mu_z\omega_0$ 中进行分析计算，其标准值和高度之间的函数关系如图 5-11 所示。

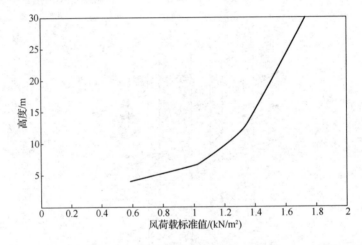

图 5-11　风荷载标准值与高度之间的函数关系

由图 5-11 可知，在 30m 高度以下的范围内，其风荷载标准值在约 4～7m 以内与高度的变化关系近似于一条直线；同样地，在 7～11m 及 11～30m，它们之间的变化关系也近似于一条直线，只是在不同高度范围内，该近似直线斜率不同。因此，对于高度变化在 2m 内（顶部至底部）的网格单元，支撑单元高度的标准值与高度之间的变化关系一律用线性函数关系表示。

3. 模拟结果及分析

1）求解可靠指标及失效概率

以下分别对玻璃幕墙支撑结构在年最大风荷载、设计期最大风荷载、9015 号台风荷载和 9711 号台风荷载 4 种荷载作用下的可靠指标和失效概率进行求解[24-25]。

本节使用基于信息熵的改进人工蜂群算法与传统蒙特卡罗有限元法进行对比[26]。本节首先采用改进人工蜂群算法求解结构可靠指标和失效概率，然后采用传统的蒙特卡罗有限元法用递推方程组求得各节点位移的分布特征值，接着求出结构的失效概率，最后由分支限界法及 PNET 法求得结构系统的失效概率及结构可靠指标。

算法的迭代过程如图 5-12 所示，为点支式玻璃幕墙支撑结构在年最大风荷载、设计期最大风荷载、9015 号台风荷载和 9711 号台风荷载 4 种情况下的可靠指标求解过程图。利用改进人工蜂群算法和蒙特卡罗有限元法求解 4 种情况下点支式玻璃幕墙支撑结构的可靠指标如表 5-9 所示。

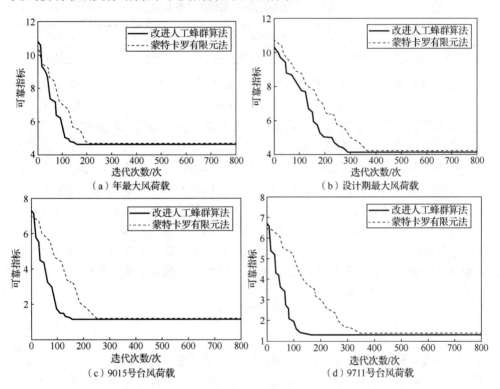

图 5-12 迭代过程图

表 5-9 可靠指标和失效概率计算结果比较

风荷载	可靠指标		失效概率	
	本节方法	传统方法	本节方法	传统方法
年最大风荷载	3.19	3.22	0.0104	0.0116
设计期最大风荷载	3.02	3.07	0.0121	0.0140
9015 号台风荷载	1.21	1.30	0.0379	0.0392
9711 号台风荷载	1.07	1.09	0.1033	0.1047

由表 5-9 可知，传统方法与本节采用的改进人工蜂群算法的计算结果十分接近。但同时我们发现，改进人工蜂群算法要比传统方法在收敛速度、收敛精度上表现得更为出色，这是由于本节的改进方法在计算大规模的空间桁架结构可靠指标时控制参数少，避开了复杂的函数导数计算。

2）挠度值计算

此处我们只考虑风荷载的作用，支撑结构可靠性取 99.8%，通过上述位移分布函数计算公式，计算支撑结构在风荷载作用下的挠度值，结果如表 5-10 所示。

表 5-10　　支撑结构体系最大位移值

风荷载	年最大风荷载	设计期最大风荷载	9015 号台风	9711 号台风
挠度值/m	0.03596	0.04129	0.0851	0.0922

通过查阅规范我们可以得到，空间桁架支撑体系挠度值不得超过其跨度的 1/250，通过计算，本节实例中挠度限值为 0.048m。由此将表 5-10 中的结果与该挠度限值进行比较，我们可以得到玻璃幕墙支撑体系在年最大风荷载和基准期最大风荷载的作用下是安全的，但其在台风作用下并不安全。特别是由于气候的变化，近年来东南沿海地区台风来得更加频繁，风力较前几年也有所增加，如果在设计幕墙体系时仍只考虑挠度的影响，那么结构可靠性仍无法达到规范的要求。由于本节选取的结构实例地处东南沿海地区，虽然其在年最大风荷载和设计期最大风荷载作用下能够保证支撑结构安全可靠，但由于地区气候特点，当面临台风风荷载作用时，会存在一定的安全隐患。因此，必须提高沿海地区玻璃幕墙抗风性的设计要求，以减少使用或增加结构支撑等方式提高其结构可靠性。

小　　结

随着改革开放后我国经济的快速发展，玻璃幕墙作为建筑领域新兴的建筑形式，由以往的单一结构形式向多样化、空间化发展，设计外形也由简单化向个性化、多元化发展，在使用功能设计方面也逐步实现了全功能智能化的玻璃幕墙，玻璃幕墙表现时代特征及实现多种多样的功能已成为其发展的重点。但随着玻璃幕墙的广泛使用，其问题也逐渐突显出来。

风荷载被认为是点支式玻璃幕墙承受的主要荷载，本章利用改进人工蜂群算法对幕墙支撑体系可靠性进行分析研究，做了如下工作。

（1）总结了玻璃幕墙的研究现状及所面临的问题，简要概述了人工蜂群算法的基本原理和可靠性理论的基本概念。

（2）通过对人工蜂群算法基本原理的分析，综合近年来的研究现状，引入信息熵概念对人工蜂群算法进行改进。

（3）简化风振分析模型，修正风振响应高度变化及支撑结构的影响，最终得出的简化算式适用于一般形式的点支式玻璃幕墙风振系数的计算。

（4）通过实例分析，验证基于改进人工蜂群算法的玻璃幕墙风振可靠性研究的可行性。

通过对算法进行改进和简化风振系数计算式，在分析计算幕墙支撑结构工程实例的可靠指标和失效概率的基础上，得出以下结论。

（1）使用信息熵对人工蜂群算法进行改进是可行的，其改进后的算法克服了算法自身的缺陷，使其能够进行结构可靠性方面的计算，较传统算法而言，改进人工蜂群算法计算简便，计算速度和精度均有大幅提升。

（2）计算支撑结构在风荷载作用下的位移值，由实例分析计算可知，按现行规范，支撑结构在年最大风荷载和设计期最大风荷载作用下满足规范的可靠性要求，但规范规定的挠度限值并不适用于台风作用下的支撑结构可靠性分析计算。

参 考 文 献

[1] KARABOGA D. An idea based on honey bee swarm for numerical optimization[R]. Technical report-TR06, Erciyes university, 2005.

[2] 高凌霞，杨向军，门玉明. 锚杆-抗滑桩系统的可靠性分析[J]. 水文地质工程地质，2006，06：36-39.

[3] ALAM M S, KABIR M W, ISLAM M M. Self-adaptation of mutation step size in artificial bee colony algorithm for continuous function optimization[C]//2010 13th International conference on computer and information technology, 2010: 69-74.

[4] GUO P, CHENG W M, LIANG J. Global artificial bee colony search algorithm for numerical function optimization[C]//7th Internationgal conferenceon natural computation, 2011: 1280-1283.

[5] BOLAJI A L, KHADER A T, AL-BETAR M A. An improved artificial bee colony for course timetabling[C]//2011 Sixth international conference on bio-inspired computing: theories applications, 2011: 9-14.

[6] EL-ABD M. A hybrid ABC-SPSO algorithm for cintinuous function optimization[C]//2011 IEEE symposium on swarm intelligence, 2011: 1-6.

[7] RAJASEKHAR A, ABRAHAM A, PANT M. Levy mutated artificial bee colony algorithm for globaoptimization[C]// IEEE International conference on Systems, Man and Cybernettics, 2011: 655-662.

[8] GAO W F, LIU S Y. Improved artificial bee colony algorithm for global optimization[J]. Information processing letters, 2011, 111(17): 871-882.

[9] GAO W F, LIU S Y. A modified artificial bee colony algorithm[J]. Computers & operations research, 2012, 39(3): 687-697.

[10] 刘三阳，张平，朱明敏. 基于局部搜索的人工蜂群算法[J]. 控制与决策，2014，29（1）：123-128.

[11] 罗钧，李研. 具有混沌搜索策略的蜂群优化算法[J]. 控制与决策，2010，25（12）：1913-1916.

[12] 暴励，曾建潮. 一种双种群差分蜂群算法[J]. 控制理论与应用，2011，28（2）：266-272.

[13] 步登辉，李景. 基于动态整体更新和试探机制的蜂群算法[J]. 计算机应用研究，2011，28（7）：2508-2511.

[14] 胡珂，李迅波，王振林. 改进的人工蜂群算法性能[J]. 计算机应用，2011，31（4）：1107-1110.

[15] 王慧颖，刘建军，王全洲. 改进的人工蜂群算法在函数优化问题中的应用[J]. 计算机工程与应用，2011，7（13）：36-39.

[16] 葛宇，梁静. 基于极值优化策略的改进的人工蜂群算法[J]. 计算机科学，2013，40（6）：247-251.

[17] 何志鹍，陆守明. 点支式玻璃幕墙索桁架支承体系自振特性算例及分析[J]. 四川建筑科学研究，2007，1：38-41.

[18] 郭永昌，李丽娟，谢志红，等. 双层球面网壳结构的抗震性能分析 1[J]. 空间结构，2005，4：27, 37-40.

[19] 周书敬，李彦苍. 房地产投资分析方法及应用[M]. 北京：兵器工业出版社，2013：8-13.

[20] 柳寅，马良. 模糊人工蜂群算法的旅行商问题求解[J]. 计算机应用研究，2013，30（9）：2694-2696.

[21] 赵丹亚，张月. 基于双层进化的多种群并行人工蜂群算法[J]. 计算机工程与设计，2015，1：178-183.

[22] 高永琪，张毅. 基于微分进化-蚁群优化算法的潜航器航路规划[J]. 四川兵工学报，2015，1：99-101，110.

[23] 夏立荣，李润学，刘启玉，等. 基于动态层次分析的自适应多目标粒子群优化算法及其应用[J]. 控制与决策，2015，2：215-221.

[24] 欧进萍，段忠东，常亮. 中国东南沿海重点城市台风危险性分析[J]. 自然灾害学报，2002，11（4）：9-17.

[25] 庞加斌，林志兴，葛耀君. 浦东地区近地强风特性观测研究[J]. 流体力学实验与测量，2002，16（3）：32-39.

[26] 周巳辰. 基于蒙特卡罗有限元法的钢网架可靠性分析探讨[D]. 呼和浩特：内蒙古农业大学，2009.

第6章　基于布谷鸟算法的结构可靠性优化

6.1　基本布谷鸟算法

6.1.1　布谷鸟算法的来源

布谷鸟就是我们平常所说的杜鹃鸟，是一种充满智慧的鸟类，拥有着优美的叫声，但是更令我们惊讶的是，它们是利用侵略的方式来繁衍后代的。例如，像Ani和Guira等种类的布谷鸟将自己的蛋产在其他鸟类搭建的鸟巢中，由鸟窝主人将这些蛋孵化和养育，有时布谷鸟甚至会将其他鸟的蛋扔出鸟窝以提高自己后代的存活率。

布谷鸟采用寄生育雏的繁殖策略。孵育寄生方式有3种：种内寄生、共同繁殖和接管鸟窝。一些宿主可能会直接和入侵的布谷鸟发生冲突。当宿主鸟发现鸟窝中有不属于自己的蛋时，它们往往会选择将这些蛋扔出鸟窝或是直接遗弃这个鸟窝，转到别的地方新建一个鸟窝。假如布谷鸟的蛋没有被宿主鸟发现，则这些布谷鸟的蛋就会直接由宿主鸟代为孵化。为了提高孵化率，减少布谷鸟的蛋被宿主鸟发现的概率，布谷鸟往往会选择宿主鸟的蛋在颜色、大小和自己的蛋相近的鸟窝，尤其是那些刚刚产完蛋的鸟窝，它们趁宿主鸟不在的时候将自己的蛋产在其鸟窝中。一些如Tapera布谷鸟物种具有这样一种特殊的本领，雌性寄生的布谷鸟蛋往往会进化成宿主鸟蛋的颜色和蛋的形态，这样便减少了布谷鸟蛋被抛弃的概率，也增加了它们的孵化率。

通常情况下，布谷鸟蛋的孵化时间要比宿主鸟蛋的孵化时间短一点，幼鸟孵出来后，会立刻把其他未被孵化的蛋扔出窝外。它这么做是由于它很快就会长大，需要吃光鸟窝主人能够找到的所有食物。如此会使鸟窝的主人误把第一个破壳的幼鸟认作自己的幼雏，甚至会盲目地抛弃自己真正的幼雏，一些布谷鸟的幼雏还可以通过模仿宿主鸟的鸣叫声来获得更多食物。2009年，Yang和Deb受布谷鸟孵育寄生行为的启发，共同开发了布谷鸟搜索（Cuckoo Search, CS）算法（简称布谷鸟算法）[1]。

6.1.2　布谷鸟算法的基本原理

布谷鸟算法主要灵感源于布谷鸟的繁殖后代行为和莱维飞行搜索模式。由于布谷鸟所寻找的鸟窝位置具有随机性，因此在模拟布谷鸟寻窝产卵方式时，我们通常设定如下 3 条理想的状态[1]。

（1）布谷鸟每次只产一个蛋，并且随机选择鸟窝对其进行孵化。

（2）在一组随机选择的鸟窝位置中，最优的鸟窝将被保留到下一代。

（3）可选择的鸟窝数目是一个固定值，宿主发现外来鸟蛋的概率为 $p_a \in [0,1]$。

在以上 3 个理想状态的前提下，布谷鸟算法的具体步骤如下所述。

（1）初始化。随机产生 N 个鸟窝的初始位置 $X_i^0 = \left(x_1^0, x_2^0, \cdots, x_N^0\right)$，计算每个鸟窝的目标函数值，找出当前最优的鸟窝位置，并保留此位置到下一代。

（2）搜索。根据位置更新公式（6-1），获得每个鸟窝下一代的位置，并计算这组鸟窝位置的目标函数值，与上一代的鸟窝位置进行比较，保留目标函数值较好的鸟窝位置作为当前较优鸟窝位置：

$$x_i^{(t+1)} = x_i^{(t)} + \alpha \oplus \text{Lévy}(\lambda) \quad (i = 1, 2, \cdots, n) \tag{6-1}$$

（3）选择。采用随机数 $r \in [0,1]$ 与宿主鸟发现外来鸟蛋的概率 $p_a = 0.25$ 进行比较，若 $r > p_a$，则随机改变鸟窝位置，并获得一组新的鸟窝位置；若 $r < p_a$，则不改变鸟窝位置。若鸟窝位置发生改变，则需要再次对改变后的鸟窝位置进行测试，对比更新前后鸟窝位置的目标函数值，挑选出测试值较好的一组鸟窝位置 $X_t = \left(x_1^t, x_2^t, \cdots, x_N^t\right)$，并从这些位置中选出最好的鸟窝位置 pb_t^*。

（4）判断。若 $f(\text{pb}_t^*)$ 达到精度要求或满足迭代终止条件，那么 pb_t^* 就是全局最优解，反之，保留 pb_t^* 到下一代，返回步骤（2）。

从上面的步骤我们可以看出，布谷鸟算法中不仅采用了莱维飞行搜索模式进行寻窝，还引入了精英保留策略，很好地平衡了全局搜索和局部搜索的关系，操作步骤中的选择过程增加了种群的多样性，有效避免了算法陷入局部最优，最终达到全局最优。

布谷鸟算法流程图如图 6-1 所示。

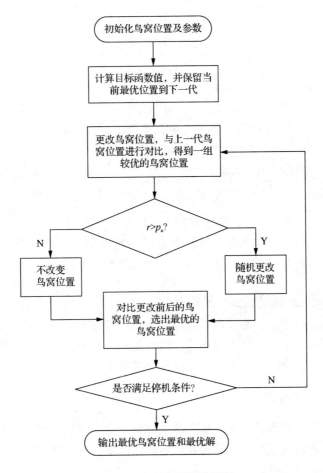

图 6-1　布谷鸟算法流程图

6.1.3　布谷鸟算法的搜索路径介绍

布谷鸟算法和普通算法的搜索路径不同，它在寻优过程中采用莱维飞行搜索模式。莱维飞行每步游走由两个因素控制：一是游走的方向，通常选取一个服从均匀分布的数；二是步长，它的步长服从莱维分布。步长大小的选取有很多种方法，布谷鸟算法中使用了简单有效的 Mantegna 法则来选择。

在 Mantegna 算法中，步长的大小可以定义为

$$s = \frac{u}{|v|^{1/\beta}} \tag{6-2}$$

式中，u,v 均服从标准正态分布，即

$$u \sim N(0,\sigma_u^2), \quad v \sim N(0,\sigma_v^2) \tag{6-3}$$

式中，

$$\sigma_u = \left\{ \frac{\Gamma(1+\beta)\sin(\pi\beta/2)}{\Gamma\left[(1+\beta)/2\right]\beta^{2(\beta-1)/2}} \right\}^{1/\beta} \tag{6-4}$$

$$\sigma_v = 1 \tag{6-5}$$

式中，Γ——标准的 Gamma 函数。

布谷鸟算法采用的搜索方式为：第 i 个布谷鸟在第 t 代的位置，通过莱维飞行模式以产生下一代的解 $x_i^{(t+1)}$，新的鸟窝位置根据下式更新：

$$x_i^{(t+1)} = x_i^{(t)} + \alpha \oplus \text{Lévy}(\lambda) \tag{6-6}$$

式中，$\oplus$——点对点的乘法；

　　Lévy(λ)——一个步长大小服从莱维分布的随机搜索向量，可表示为

$$\text{Lévy}(\lambda) \sim u = t^{-\lambda}, \ 1 < \lambda \leqslant 3 \tag{6-7}$$

这里，具体的步长大小是通过上面所述的 Mantegna 算法来实现的。

另外，α 是步长控制量，主要用来控制方向和步长大小：

$$\alpha = O(L/10) \tag{6-8}$$

式中，L——优化问题的搜索空间的大小。

在布谷鸟算法中，一部分新解是通过围绕局部最优解的随机游走而逐渐达到最优的，这就加快了局部搜索的速度，而较长的步长会使一些新解随机产生在距离当前最优解较远的地方，这样就可以避免算法陷入局部最优解。

6.1.4 布谷鸟算法的伪代码

布谷鸟算法的基本思想主要基于两个方面，即布谷鸟的巢寄生行为和莱维飞行模式。该算法通过莱维飞行模式获取新解，因而具有很强的全局搜索能力。基本布谷鸟算法的伪代码如下：

```
Cuckoo search via Lévy flights algorithm:
Begin
    建立目标函数 f(x),x=(x₁,x₂,…,xd)ᵀ
    初始化种群中的 n 个解 xi=(x₁,x₂,…,xn)
    While ( t < 最大迭代次数) or (停机准则)
        采用莱维飞行模式生成新的解 i
        计算新解的适应度 Fi
        从 n 个解中随机选择一个候选解 j
        If (Fi 优于 Fj),
            用新的解 i 替代候选解 j;
        End
        按发现概率 pa 随机丢弃部分劣解,并用新解代替;
        保留较优的解到下一代;
        寻找并保存最优解
    End while
    输出最优解
End
```

6.1.5　典型的改进布谷鸟算法

1. 逐维改进的布谷鸟算法

基本布谷鸟算法在解决多维目标优化问题时，各维度间存在互扰现象，导致算法的收敛速度变慢，影响了解的质量。针对此问题，王李进等提出了逐维改进的布谷鸟算法[2]。

该算法采用逐维更新的评价策略对基本布谷鸟算法进行改进，该策略是对维度进行一维一维的更新，把各维的更新值和其他维的值组合成一个新的解，然后评价该解。基于贪婪的逐维更新评价策略，只要结果优于当前解，该维的更新值便可以被采纳。这种评价策略让解的进化维不会因其他维的值变差而被忽视，这样就可以保证让进化维的信息引导当前解，加强了算法的局部搜索能力，从而获得更好的解，加快算法的收敛速度。另外，他们将缩放因子 r 取[0,1]上均匀分布的随机数改成取[-1,1]上均匀分布的随机数来达到双向搜索的目的，加强了算法的局部搜索能力。王李进等将局部搜索公式修改为

$$x_i^{(t+1)} = x_i^{(t)} + r\left(x_j^{(t)'} - x_i^{(t)'}\right), \quad r \in [-1,1] \tag{6-9}$$

式中，$x_j^{(t)'}$——第 t 代的随机解。

2. 自适应步长的布谷鸟算法

在基本布谷鸟算法中，步长是利用莱维飞行模式随机产生的，不利于计算。当步长较大时，会降低搜索精度；而步长较小时，会使搜索速度变慢。针对此问题，郑洪清和周永权提出了一种自适应步长的布谷鸟算法[3]。它是根据每个鸟窝与最佳鸟窝位置的距离来调整步长的，故引入公式

$$d_i = \frac{x_i - x_{\text{best}}}{d_{\max}} \tag{6-10}$$

式中，x_i——第 i 个鸟窝的位置；

　　　x_{best}——此时最佳的鸟窝位置；

　　　$d_{\max}$——最佳鸟窝与其他鸟窝位置距离的最大值。

自适应调整步长的公式如下：

$$s_i = s_{\min} + \left(s_{\max} - s_{\min}\right)d_i \tag{6-11}$$

式中，$s_{\max}, s_{\min}$——步长的最大值与最小值。

由式（6-10）和式（6-11）便可以实现步长的自适应动态调整。当某个鸟窝距离最优鸟窝位置很近时，缩小步长；而当距离远时，则加大步长。这样，通过上一次的迭代结果来决定本次迭代的步长，由此就实现了步长的自适应调整，结果表明该方法提高了算法的收敛速度和寻优精度。

3. 二进制布谷鸟算法

基本布谷鸟算法只能处理连续解空间优化问题，却无法用于解决离散型问题。要解决离散型的优化问题，需要对算法进行改进。冯登科等对基本布谷鸟算法进行二进制改进以解决离散型问题[4]。

首先，对初始鸟窝位置进行二进制编码。选择一个二进制编码串，长度设为nc，用它来代表 m 代中第 i 个鸟窝的 j 维变量值，则 $x_{ijk}^m=(0,1)(k=1,2,\cdots,\text{nc})$ 表示第 m 代中第 i 个鸟窝的第 j 维变量的第 k 个二进制编码。

其次，莱维飞行的位置更新路径 Step 采用二进制代码变换。根据 Kennedy 与 Eberhart 提出的变换公式，得莱维飞行的二进制变换公式如下[5]：

$$\text{Sig(Step)}=\frac{1}{1+\exp(-\text{Step})} \tag{6-12}$$

$$x_{ijk}^{m+1}=\begin{cases}1, & \text{rand()}\leqslant\text{Sig(Step)}\\ 0, & \text{其他}\end{cases} \tag{6-13}$$

同理，根据刘建华等提出的变换公式如下[6]：
当 Step ≤ 0 时，有

$$\text{Sig(Step)}=1-\frac{2}{1+\exp(-\text{Step})} \tag{6-14}$$

$$x_{ijk}^{m+1}=\begin{cases}0, & \text{rand()}\leqslant\text{Sig(Step)}\\ x_{ijk}^m, & \text{其他}\end{cases} \tag{6-15}$$

当 Step>0 时，有

$$\text{Sig(Step)}=\frac{2}{1+\exp(-\text{Step})}-1 \tag{6-16}$$

$$x_{ijk}^{m+1}=\begin{cases}1, & \text{rand()}\leqslant\text{Sig(Step)}\\ x_{ijk}^m, & \text{其他}\end{cases} \tag{6-17}$$

式中，Sig()——Sigmond 函数。

改进后的算法使用二进制编码的混合更新方法。如果使用式（6-12）和式（6-13）进行二进制编码更新，则全局性相对较强，但收敛性较弱；如果使用式（6-14）～式（6-17）进行二进制编码更新，则收敛性相对较强，全局性较弱。为使算法获得更好的性能，引入了二进制编码的控制系数 pr，$\text{pr}\in[0,1]$。如果随机数 rand() ≤ pr，那么使用式（6-12）和式（6-13）进行二进制编码更新；反之，再判断 Step。若 Step ≤ 0，则使用式（6-14）和式（6-15）进行二进制更新；若 Step>0，则使用式（6-16）和式（6-17）更新。在混合更新时，若 pr 较小，那么该算法的收敛性较强；若 pr 较大，那么该算法全局多样性较强。另外，该算法还保留了鸟蛋被淘汰的机制来保证算法的收敛性。

4. 基于共轭梯度的布谷鸟算法

为了使布谷鸟算法在多峰、高维函数的优化中也能有较好的收敛速度，杜利敏等将共轭梯度法与布谷鸟算法进行结合[7]。共轭梯度法是沿着已知点附近的一组共轭方向搜索，求得目标函数的极小点。它的局部搜索能力很强，局部搜索的位置更新公式为

$$x_{im}^{k+1} = x_{im}^k + \alpha_i^k r_{im}^k \qquad (6\text{-}18)$$

式中，α_i^k——步长。

该算法在每次更新完鸟窝的位置 x_i^j 后，将 x_i^j 的梯度 r_{im}^k 与共轭因子 β^k 的乘积加到该位置的负梯度 $-\nabla f\left(x_{im}^{k+1}\right)$ 上，利用线性组合构造出一组共轭方向 $r_i^{k+1} = \left(r_{i1}^{k+1}, r_{i2}^{k+1}, \cdots, r_{im}^{k+1}, \cdots, r_{id}^{k+1}\right)$，并沿该方向进行搜索，得到一组新的鸟窝位置，进入第 $j+1$ 次迭代，再根据莱维飞行更新鸟窝位置，较好地平衡了算法的局部和全局的搜索能力。实验证明，改进后的算法收敛速度更快，收敛精度也更高。

6.2　基于云模型的改进布谷鸟算法

6.2.1　基本布谷鸟算法的优缺点

布谷鸟算法是一种新型的仿生算法，它与遗传算法、粒子群优化算法相似，是一种基于种群迭代的全局优化算法。它不需要问题的梯度信息，容易实现，能以较大概率收敛到问题的全局最优解，为解决工程优化问题提供了新的途径。初步研究表明，布谷鸟算法是一种很有潜力的算法，已成为研究的热点，且该算法的缺陷也正在不断被改进。下面将对布谷鸟算法的优缺点做简要分析。

布谷鸟算法的优点主要有以下几点：①控制参数少，增强了算法的通用性，易与其他算法相结合；②布谷鸟算法采用莱维飞行产生步长，有利于跳出局部最优解，从而使算法具有较强的全局搜索能力；③操作简单，易实现。

虽然布谷鸟算法能解决很多实际问题，已经广泛应用于各个领域，但由于布谷鸟算法被提出不久，对它的研究还处在初级阶段，因此还存在多方面的不足，主要包括如下几个方面。

（1）布谷鸟算法的搜索方式完全依赖随机游走，无法保证算法的快速收敛性，使算法的计算时间增加，局部搜索精度低，不能很好地满足工程实际优化问题的需求。

（2）基本布谷鸟算法是针对连续变量优化问题进行优化搜索的，但是实际工程中有很多问题都属于离散变量的、有约束的、多目标的优化问题。这时，就需要对基本布谷鸟算法进行进一步研究和改进，目前关于布谷鸟算法的离散化研

究还比较少。

（3）由于布谷鸟算法起步较晚，目前对算法的内部机理认识还不足，还不具备系统的分析方法和坚实的数学基础，对算法的理论研究还需要加以完善，若要使算法有更加广泛的应用，则还需进一步研究该方面的问题，形成完备的理论支持。

6.2.2　布谷鸟算法的参数分析

在布谷鸟算法中，只包含 3 个参数，即步长控制量 α、鸟窝种群规模 n、布谷鸟的鸟蛋被发现的概率 p_a。

步长 α 的取值和搜索空间的大小有关。当搜索空间较小时，可以选择较小的 α，过大的步长容易跳出较好解的区域；而当搜索空间较大时，则应选择较大的 α 以提高搜索速度。α 的取值通常为一个固定的常数。在传统布谷鸟算法中，α 往往取为 1。

在原则上，鸟窝种群规模越大，搜索的速度越快。但大量的实验证明，鸟窝种群规模 n 为 15～40 和 $p_a = 0.25$ 就足以解决大多数优化问题了，参数在一定范围内的微小改变并不能显著改变算法的收敛性，因此，在任何给定问题中对于参数的微小调整是不必要的。

布谷鸟算法有较强的搜索性能，其主要的原因在于：首先，莱维飞行模式使得布谷鸟算法能很好地平衡全局搜索与局部搜索之间的关系；其次，布谷鸟算法设置的参数比较少，使得算法的通用性较好。对任何一个元启发式算法而言，在有效的搜索区域中，适度加强局部搜索，会使该算法变得更加有效。另外，布谷鸟算法中主要包括两个参数，即鸟窝种群规模 n 和布谷鸟的蛋被发现的概率 p_a。只要 n 固定下来，那么 p_a 就是控制精英选择和平衡全局搜索与局部搜索的重要工具，设置较少的参数会使一个算法变得更加简单、通用[8]。

综上，布谷鸟算法具有参数设置少、简单易实现、全局搜索能力强等优点。

6.2.3　改进布谷鸟算法的基本思想

尽管布谷鸟算法存在诸多优点，但它也存在易陷入局部最优、后期收敛速度慢等缺陷。动态惯性改进策略是一种控制种群探索能力和开发能力的机制，能够有效提高算法的搜索能力。目前，有不少研究已投入在算法的惯性权重的改进方面。例如，周欢等采用动态惯性权重对鸟窝位置进行改进，但种群规模增大后，仍需要调整算法的惯性权重，通用性不强；周欢和李煜[9]、臧睿和刘延龙等[10]引入了一种非线性惯性权重，加快了算法的收敛速度，扩展了算法的寻优能力。针对算法后期收敛速度慢、运算时间长等问题，本节提出一种具有动态惯性策略的自适应布谷鸟算法，利用云模型在算法中加入动态惯性策略实现鸟窝位置的更新，更好地平衡局部搜索和全局搜索之间的关系。

云模型是由李德毅和刘常昱提出的描述定性知识和概念与定量数值表示之间的不确定性的转换模型[11]。在客观世界中，它反映了人和事物概念知识的随机性和模糊性，为定性、定量相结合的事物处理提供模型，已成功应用于数据挖掘、决策分析、智能控制等领域。在基本布谷鸟算法中引入云模型的 X 条件云发生器对鸟窝位置的惯性权重进行调整，可克服其收敛精度上的缺陷。本节提出一种基于个体适应度值的惯性权重生成策略，根据鸟窝位置适应度值的不同，将鸟窝种群分成 3 种，根据它们各自的特点，分别采用不同的惯性权重。对于普通种群，采用云模型的 X 条件云发生器自适应调整惯性权重。由于云模型的云滴具有随机性和稳定倾向性的特点，因此改进后的算法不仅保持了种群的多样性，同时又加快了算法的收敛速度。

实验表明，改进后的算法能够减少算法的运行时间，提高算法的收敛速度，具有较好的优化性能。

1. 云模型

定义 1　设 T 为论域 u 上的语言值，u 到[0,1]的映射为 $C_T(u)$：$U \rightarrow [0,1]$，$u \rightarrow C_T(u)$；则 $C_T(u)$ 在 u 上的分布称为 T 的隶属云，简称云[12]。

当 $C_T(u)$ 服从正态分布时，称为正态云模型。它是一个遵循正态分布规律的具有稳定倾向的随机数集，主要反映了知识概念的不确定性，由 3 个数字特征来表示：期望 Ex、熵 En、超熵 He（图 6-2）[13]。其中，Ex 最能量化论域空间中定性概念的样本点，换言之，就是这个概念量化的最典型样本；En 是定性概念不确定性的度量，反映了能够代表这个定性概念的云滴的离散程度，另外，En 还是定性概念亦此亦彼的度量，反映了在论域空间可被概念接受的云滴的取值范围；He 是熵的不确定性度量，即熵的熵，由熵的随机性和模糊性共同决定，它表示熵的不确定性，反映了云滴的凝聚程度。He 越大，那么云的离散程度就越大，隶属度的随机性也随着变大，云层的厚度也越大。

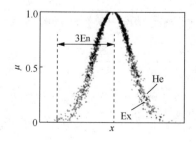

图 6-2　正态云模型的 3 个数字特征示意图

算法 1 基本正态云发生器[13]。

```
Input:{Ex En He},n          //数字特征和云滴数
Output:{ (x₁,μ₁),…,(xₙ,μₙ) } //n 个云滴
For i=1 to n                //生成期望值为 En、方差为 He 的正态随机数
En′=randn(En,He)
xᵢ=randn(Ex,En′)
```

$$\mu_i = e^{\frac{-(x_i - Ex)^2}{2(En')^2}}$$

```
Drop(xᵢ,μᵢ)
```

算法 2 X 条件云发生器[13]。

给定云的 3 个数字特征(Ex、En 和 He)和论域 u 上特定的值 x_0，产生云滴 (x_0,μ_i)，这种云发生器称为 X 条件云发生器。

```
Input:{Ex En He},n,x₀
Output:{ (x₀,μ₁),…,(x₀,μₙ) }
For i=1 to n
En′=randn(En,He)
```

$$\mu_i = e^{\frac{-(x_0 - Ex)^2}{2(En')^2}}$$

```
Drop(x₀,μᵢ)
```

2. 自适应调整策略

设鸟窝种群数量为 N，第 k 次迭代中鸟窝 p_i 的适应度值为 f_i，鸟窝种群的平均适应度值为 $f_{avg} = \frac{1}{N}\sum_{i=1}^{N} f_i$；适应度值优于 f_{avg} 的平均适应度值为 f'_{avg}；适应度值次于 f_{avg} 的平均适应度值为 f''_{avg}；最优鸟窝的适应度值为 f_{min}。本节改进布谷鸟算法把鸟窝种群分为 3 个子群：较优种群、普通种群和次优种群[14]。ω 的选取规则如下：

1) f_i 优于 f'_{avg}

适应度值小于 f'_{avg} 的鸟窝是种群中位置较优的鸟窝，采用较小的惯性权重，以加快收敛速度，ω 取 0.1。

2) f_i 优于 f''_{avg} 但次于 f'_{avg}

这是一般鸟窝位置，其惯性权重根据 X 条件云发生器非线性动态调整。自适应鸟窝种群惯性权重生成规则如下：

$$Ex = f'_{avg}$$
$$En = (f'_{avg} - f_{min})/k_1 \qquad //k_1 \text{为控制参数}$$
$$He = En/k_2 \qquad //k_2 \text{为控制参数}$$

$$En' = \text{normrnd(En,He)}$$

$$\omega = 0.9 - 0.5e^{\frac{-(f_i - Ex)^2}{2(En')^2}}$$

随着适应度值的不断减小，根据极限定理可得，$0 < e^{\frac{-(f_i - Ex)^2}{2(En')^2}} < 1$，因而可以确保 $\omega \in [0.4, 0.9]$。从 ω 的选取规则可看出，ω 会随着鸟窝位置的适应度值的减小而减小，因此实现了较优鸟窝位置取较小的 ω 值。

3）f_i 次于 f''_{avg}

适应度值大于 f''_{avg} 的鸟窝为种群中较差的鸟窝位置，ω 取 0.9。

参数选取：En 影响正态云的陡峭程度。按照"3En"规则，对论域 u 上的语言值，有贡献的定量值的 99.74%落在 k_1 上。En 越大，那么云覆盖的水平宽度就会越大。本节取 $k_1 = 2.9$。

He 决定了云滴的离散程度。He 太小，一定程度上会丧失"随机性"；而 He 太大，又会丧失"稳定倾向性"。本节中 $k_2 = 10$。

例如，对给定的函数 $f(x) = x^2$，$x \in [-5, 5]$，鸟窝位置数量取 10，维数取为 1，精度最优值达到 10^{-7}。通过仿真实验可对比基本布谷鸟算法和改进布谷鸟算法的最优解的路径搜索曲线，如图 6-3 所示。

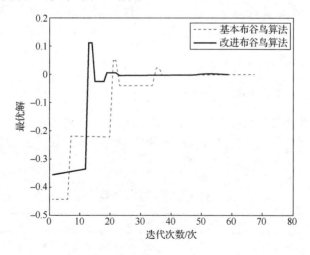

图 6-3　最优解搜索轨迹图

从图 6-3 可以看出，在相同的精度要求下，改进布谷鸟算法比基本布谷鸟算法寻优速度更快，计算时间更短。基本布谷鸟算法运行的迭代次数是 64 次，而改进布谷鸟算法的迭代次数只有 48 次，显然，改进布谷鸟算法提高了搜索速度。

6.2.4　改进布谷鸟算法的具体实现步骤

（1）初始化相关参数，确定鸟窝数目 N 及布谷鸟的蛋被发现的概率 p_a，随机

选取 n 个鸟窝的初始位置 $\boldsymbol{p}_i^{(0)} = \left(x_1^{(0)}, x_2^{(0)}, \cdots, x_n^{(0)}\right)^{\mathrm{T}}$，计算各鸟窝的适应度值，找到最优的鸟窝位置 x_b^0 $(b \in \{1,2,\cdots,n\})$ 和最优解 $f_{\min}$。

（2）循环体。

① 保留上一代最佳鸟窝位置 $x_b^{(t-1)}$（t 为正整数），并利用加入动态惯性权重策略的位置更新式 $x_i^{t+1} = \omega x_i^t + \alpha \oplus \text{Lévy}(\lambda)$ 对其他鸟窝位置进行更新，根据不同鸟窝的目标函数值，采用不同的 ω 生成策略，普通子群采用 X 条件云发生器更新鸟窝位置，得到一组新的鸟窝位置。并对这组鸟窝位置进行测试，与上一代产生的一组鸟窝位置 $\boldsymbol{p}_{t-1} = \left(x_1^{(t-1)}, x_2^{(t-1)}, \cdots, x_n^{(t-1)}\right)^{\mathrm{T}}$ 对比，使测试值相对较好的鸟窝位置替换测试值较差的鸟窝位置，从而得到一组较优的鸟窝位置 $\boldsymbol{k}_t = \left(x_1^{(t)}, x_2^{(t)}, \cdots, x_n^{(t)}\right)^{\mathrm{T}}$。

② 用一个随机产生的数 $r \in [0,1]$ 作为鸟窝主人发现外来鸟蛋的概率并和 p_a 对比，对 $\boldsymbol{k}_t$ 中发现概率较大的鸟窝位置进行随机改变；反之，保留其鸟窝位置，得到一组新的鸟窝位置。对这组鸟窝位置进行测试，并与 $\boldsymbol{k}_t$ 中每个鸟窝位置的测试值进行对比，将较优的鸟窝位置替换较差的鸟窝位置，从而得到一组当前较优的鸟窝位置 $\boldsymbol{p}_t = \left(x_1^{(t)}, x_2^{(t)}, \cdots, x_n^{(t)}\right)^{\mathrm{T}}$。

③ 寻找 p_t 中最优的鸟窝位置 x_b^t，并判断其测试值 $f_{\min}$ 是否满足精度要求，若是，则输出全局最优值 $f_{\min}$ 和相应的全局最优位置 x_b^t；否则，返回（2）继续迭代更新，直至达到收敛精度。

6.2.5　改进布谷鸟算法的仿真测试

为了证明改进布谷鸟算法的有效性，选取 20 个鸟窝位置数，维数为 10，$p_a = 0.25$，设置精度为 10^{-7}，对选定的 4 个基准测试函数（表 6-1）的进化曲线进行仿真对比。

表 6-1　基准测试函数

函数名称	基准测试函数	变量定义域
Sphere Model（函数 1）	$f_1(x) = \sum_{i=1}^{n} x_i^2$	$x \in [-5.12, 5.12]$
Schwefel's Problem1（函数 2）	$f_2(x) = \sum_{i=1}^{d} \lvert x_i \rvert + \prod_{i=1}^{d} \lvert x_i \rvert$	$x \in [-5, 5]$
Schwefel's Problem2（函数 3）	$f_3(x) = \sum_{i=1}^{d} \left(\sum_{j=1}^{i} x_i\right)^2$	$x \in [-5.12, 5.12]$
Generalized Rastrigin（函数 4）	$f_4(x) = \sum_{i=1}^{d} \left[x_i^2 - 10\cos(2\pi x_i) + 10\right]$	$x \in [-5.12, 5.12]$

在精度相同的条件下，对上述 4 个标准测试函数进行模拟实验，其中，前 3 个函数是单峰函数；第四个函数是多峰函数，且这些函数的理想全局最优值都是 0。

从图6-4～图6-7可看出，改进布谷鸟算法的收敛速度明显优于基本布谷鸟算法。

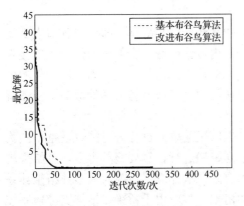

图 6-4　函数 1 的收敛曲线对比

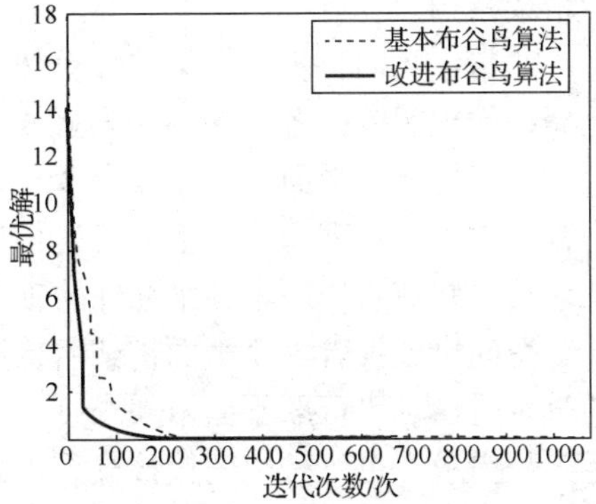

图 6-5　函数 2 的收敛曲线对比

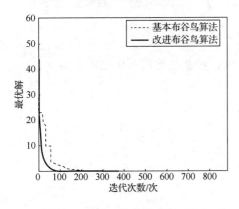

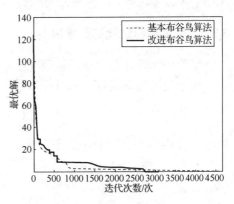

图 6-6　函数 3 的收敛曲线对比

图 6-7　函数 4 的收敛曲线对比

表 6-2 统计了在精度相同的条件下，改进布谷鸟算法和基本布谷鸟算法迭代次数的对比，可见改进布谷鸟算法搜索到最优解的迭代次数较少，从而说明改进布谷鸟算法的收敛速度较快。

表 6-2　迭代次数的对比表

采用算法	函数 1	函数 2	函数 3	函数 4
基本布谷鸟算法	484	1026	834	3769
改进布谷鸟算法	302	790	693	3234

6.3　改进布谷鸟算法在桁架结构优化中的应用

6.3.1　桁架结构的分类

桁架结构按空间形式可分成平面桁架和空间桁架。平面桁架是指各杆轴线和所受外力都在同一平面内的桁架，空间桁架是指桁架中各杆件不都在同一平面内的桁架结构。

通常，我们将平面桁架的计算按理想的平面桁架来处理。即假定各节点都是无摩擦的理想铰；各杆件轴线为直线，平面内过铰中心；全部外力作用于铰接点上，且在桁架的平面内。在以上 3 个假定的前提下，桁架杆是二力杆，杆件的内力都是轴力。对理想状态下的静定桁架求解问题，可依据静力学的数解法或图解法求得已知荷载作用下各个杆件的轴力。

空间桁架由若干个平面桁架所构成。当取平面单元进行分析能表示整个结构的分析时，一般可取平面桁架求解，按平面桁架进行计算要简单得多，且结果满足工程需求。也可按空间铰接杆系，采用有限元法计算。目前，大多数桁架体系应用都是通过三维桁架体系来实现的，如桁架梁被应用于桥梁、桁架支撑体系被应用于大型基坑等，以及网架与网壳结构被广泛应用于大型厂房建筑、体育馆等。

6.3.2　桁架截面优化的数学模型

结构优化设计的第一步是建立数学模型，桁架结构截面优化模型如下。

极小化结构总质量，故目标函数为

$$f(A) = \sum_{i=1}^{NV} \rho A_i l_i \tag{6-19}$$

式中，A_i——第 i 个杆的截面面积；

$\quad\quad l_i$——第 i 个杆的长度；

$\quad\quad \rho$——材料密度；

$\quad\quad$NV——杆件总数。

应力、位移约束条件分别表示为

$$\sigma_{ik} \leqslant \bar{\sigma}_i \quad (i=1,2,\cdots,NV;\ k=1,2,\cdots,g) \tag{6-20}$$

$$\mu_{jlk} \leqslant \bar{\mu}_{jl} \quad (j=1,2,\cdots,m;\ l=1,2,\cdots,ND;\ k=1,2,\cdots,g) \tag{6-21}$$

式中，σ_{ik}——第 i 个杆件在第 k 个荷载工况下的应力；

$\quad\quad \mu_{jlk}$——在第 k 个荷载工况下节点 j 在 l 方向上的位移；

$\quad\quad \bar{\sigma}_i$——第 i 个杆件的许用应力值；

$\quad\quad \bar{\mu}_{jl}$——节点 j 在 l 方向的位移允许值；

$\quad\quad g$——荷载工况总数；

$\quad\quad m$——结构的节点总数；

$\quad\quad$ND——位移的方向（x 方向、y 方向或 z 方向）。

在计算中将约束条件标准化表示为

$$\sigma_{ik}/\bar{\sigma}_i - 1 \leqslant 0 \quad (i=1,2,\cdots,NV;\ k=1,2,\cdots,g) \tag{6-22}$$

$$\mu_{jlk}/\bar{\mu}_{jl} - 1 \leqslant 0 \quad (j=1,2,\cdots,m;\ l=1,2,\cdots,ND;\ k=1,2,\cdots,g)$$

人们常用罚函数法来求解约束优化问题。罚函数法的核心思想是通过在目标函数中加入惩罚项的方式将约束优化问题转化为一系列的无约束优化问题进行逼近求解[15]。本节处理约束条件的方法：允许算法含有不可行解，但通过目标函数加上罚函数以惩罚不可行解的出现，从而将有约束的结构优化问题转化为无约束的结构优化问题，即

$$\varphi(x) = f(x) + r^{(k)} \left\{ \sum_{i=1}^{NV} \sum_{k=1}^{g} \left[\max\left(0, \frac{\sigma_{ik}}{\sigma_i} - 1\right) \right]^2 + \sum_{j=1}^{m} \sum_{k=1}^{g} \sum_{l=1}^{ND} \left[\max\left(0, \frac{\mu_{jlk}}{\bar{\mu}_{jl}} - 1\right) \right]^2 \right\} \quad (6-23)$$

式中，$r^{(k)}$——罚因子。结合模拟退火思想，本节中罚因子取为 $r^{(k)} = 1/T$（T 为退火温度），$T = T_0(0.99)^k$ $(k = 0,1,2,\cdots)$，随着 T 逐渐减小，罚因子 $r^{(k)}$ 逐渐增大。

6.3.3　改进布谷鸟算法求解桁架优化的步骤

（1）初始化改进布谷鸟算法参数，随机初始化鸟窝位置 $x_i^{(0)} = \left(x_1^{(0)}, x_2^{(0)}, \cdots, x_n^{(0)}\right)^T$，各个鸟窝的目标函数值按 $\varphi(x)$ 进行计算，找到初始鸟窝的最优位置 x_b^0，并保留到下一代。

（2）根据位置更新公式 $x_i^{t+1} = \omega x_i^t + \alpha \oplus \text{Lévy}(\lambda)$ 进行位置更新（ω 选取规则见第 4 章），此时不进行目标函数的测试，继续更新鸟窝位置 $p_i^{(t)}$ 为 $p_i^{(t+1)}$，计算目标函数值。

（3）将 $t+1$ 代和 t 代的位置进行对比，记录当前最优的鸟窝位置。

（4）服从均匀分布的随机数 $r \in [0,1]$，与宿主发现布谷鸟的鸟蛋的概率 $p_a = 0.25$ 进行对比，若 $r > p_a$，则对该鸟窝位置进行列维随机改变，产生新的鸟窝位置，再对新位置进行测试，比较选定第 $t+1$ 代的最优鸟窝位置 x_b^{t+1}。

（5）判断是否满足终止条件，若满足则停止迭代，输出鸟窝最优位置和目标函数的最优值；否则，返回到步骤（2）。

6.3.4　工程实例

1. 10 杆平面桁架结构优化实例

10 杆平面桁架结构如图 6-8 所示。此桁架有 6 个节点，10 个设计变量，材料为铝。优化目标是获得最小的结构总质量。E=68950MPa，ρ=2768kg/m^3，全部杆件的许用应力为 ±172.4MPa，各杆件横截面面积的下限为 0.645cm^2，上限为 258cm^2，工况只有一个，即在②号和④号节点作用向下的载荷为 P=444.5kN 的集中力，可动节点向下的位移约束均为 50.8mm，图中 L=9144mm。

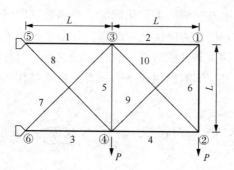

图 6-8　10 杆平面桁架优化

　　该桁架结构优化的数学模型如下。

（1）桁架结构设计变量为杆件横截面面积 $x_i (i=1,2,\cdots,10)$。

（2）目标函数采用杆件总质量，即

$$f(x)=\left[x_1+x_2+x_3+x_4+x_5+x_6+\sqrt{2}(x_7+x_8+x_9+x_{10})\right]L\rho$$

式中，　$f(x)$——结构杆件总质量；

　　　　ρ——材料密度；

　　　　x_i——杆件横截面面积；

　　　　L——杆件长度。

（3）约束条件：

$$\begin{cases}\sigma_i \leqslant [\sigma]_i \\ \mu_j \leqslant [\mu]_j \\ x_i \in [x_{\min},x_{\max}]\end{cases}$$

式中，　σ_i——各杆件在外力作用下的应力；

　　　　$[\sigma]_i$——各杆件的容许应力；

　　　　μ_j——桁架节点 j 在外力作用下的位移；

　　　　$[\mu]_j$——容许位移；

　　　　$[x_{\min},x_{\max}]$——杆件横截面面积容许的范围。

　　对该桁架利用改进布谷鸟算法进行优化设计。算法参数选取为：每一代的鸟窝数量 $n=40$，搜索空间维数 $d=10$，最大迭代次数 $N_{\max}=200$，$p_a=0.25$，$\alpha=1$，$\lambda=3/2$。优化结果对比如表 6-3 所示。

表6-3 10杆桁架优化结果

算法类型		改进蚁群算法[16]	改进粒子群优化算法[17]	改进人工鱼群算法[18]	改进布谷鸟算法
杆件横截面面积/cm²	1	210.76	196.92	916.32	198.30
	2	0.64	0.64	0.64	0.64
	3	147.97	149.79	146.97	146.96
	4	98.47	97.91	96.21	97.01
	5	0.64	0.64	0.64	0.64
	6	3.39	3.55	3.43	3.02
	7	128.91	135.58	48.99	135.76
	8	49.70	48.07	135.62	48.32
	9	0.65	0.64	0.64	0.64
	10	138.41	139.18	135.77	136.97
结构总质重/kg		2299.69	2295.50	2289.97	2284.76

注：1~10 表示杆件编号。

从表6-3可以看出，用改进布谷鸟算法得到的结构总质量为2284.76kg，比文献[16]所得质量降低了(2299.69-2284.76)/2284.76≈0.65%，比文献[17]所得质量降低了(2295.50-2284.76)/2284.76≈0.47%，比文献[18]所得质量降低了(2289.97-2284.76)/2284.76≈0.23%。从图6-9和图6-10的寻优迭代曲线可以看出，改进布谷鸟算法能较快搜索到全局最优解，与其他算法相比，改进布谷鸟算法有较高的收敛速度和收敛精度，尤其在迭代初期更为明显，经过50次迭代优化后，算法已基本收敛于全局最优解，具有很好的稳定性，能够较好地进行桁架结构的截面尺寸优化。

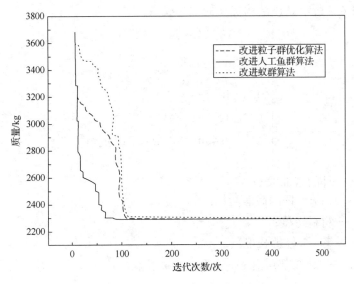

图 6-9 3 种算法的寻优迭代曲线图

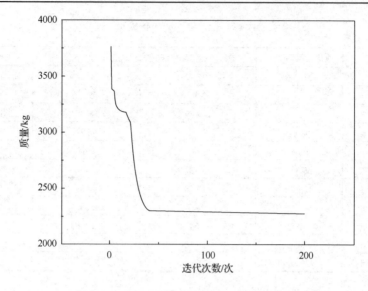

图 6-10　改进布谷鸟算法的寻优迭代曲线图

2. 25 杆空间桁架结构优化实例

25 杆空间桁架结构如图 6-11 所示，该结构有 10 个节点，25 根杆件。应力约束为[–275.8, 275.8]MPa，材料的密度$\rho = 2.768 \times 10^3 \text{kg/m}^3$，弹性模量$E = 68.95\text{GPa}$，节点①、②的最大竖向位移不能超过$d_{\max} = 8.89\text{mm}$，$L = 635\text{mm}$。根据对称性，将 25 根杆件分成 8 组，即设计变量为 8 个。改进布谷鸟算法所采用的参数如表 6-4 所示，两种工况下节点荷载如表 6-5 所示，杆件分组及优化结果分别如表 6-6 和表 6-7 所示。该结构优化的数学模型为

$$\begin{cases} \boldsymbol{A} = [A_1, A_2, \cdots, A_8]^{\mathrm{T}} \\ \min f(x) = \sum_{i=1}^{8} \rho_i A_i L_i \\ \text{s.t.} \quad [u_{jl}] - u_{jl} \geqslant 0 \\ \quad\quad\ [\sigma_i] - \sigma_i \geqslant 0 \\ \quad\quad\ 6.45\text{mm}^2 \leqslant A \leqslant 2194\text{mm}^2 \end{cases} \quad （6\text{-}24）$$

式中，A——杆的截面面积；

A_i——第 i 个杆的截面面积；

ρ_i——材料密度；

L_i——第 i 个杆的长度；

$[u_{jl}]$——①,②节点沿 x, y 方向的最大位移；

u_{jl}——节点 j 在 l 方向上的位移；

$[\sigma_i]$——许用应力值；

σ_i——第 i 组杆件的最不利应力值。值为负数时表示杆件受压，$[\sigma_i]=\sigma^-$；
　　　　值为正数时表示杆件受拉，$[\sigma_i]=\sigma^+$。

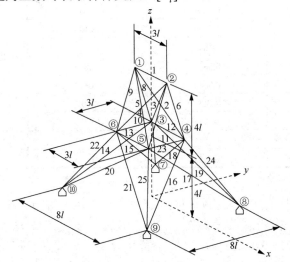

图 6-11　25 杆空间桁架结构示意图

表 6-4　布谷鸟算法的控制参数

鸟窝群体规模 n	最大迭代次数	发现概率 p_a	搜索空间维数	步长控制量 α	λ
40	500	0.25	10	0.1	1.5

表 6-5　25 杆空间桁架荷载工况

工况	节点号	F_x/kN	F_y/kN	F_z/kN
1	①	4.45	44.5	−22.25
	②	0	44.5	−22.25
	③	2.22	0	0
	⑥	2.22	0	0
2	①	0	89	−22.25
	②	0	−89	−22.25

表 6-6　25 杆空间桁架分类

组号	杆件号	组号	杆件号
1	1	5	12～13
2	2～5	6	14～17
3	6～9	7	18～21
4	10～11	8	22～25

表 6-7　　25 杆空间桁架优化结果比较

算法类型		粒子群优化算法	基本布谷鸟算法	改进布谷鸟算法
各组杆件截面面积/cm²	1	0.0645	0.0645	0.0645
	2	13.685	13.183	12.517
	3	18.666	19.367	18.130
	4	0.0645	0.0645	0.0645
	5	0.0645	0.0645	0.0645
	6	4.329	4.407	3.981
	7	10.394	10.472	10.446
	8	17.530	17.243	16.646
结构总质量/kg		247.53	247.45	237.67

注：1~8 表示杆件组号。

从表 6-5 可以看出，在相同的约束条件下，采用改进布谷鸟算法对该桁架结构进行优化后结构的总质量为 237.67kg，比基本布谷鸟算法所得质量降低了 (247.45-237.67)/237.67≈4.11%，比粒子群优化算法所得的质量降低了 (247.53-237.67)/237.67≈4.15%。显然，在搜索结果方面改进布谷鸟算法优于其他算法。图 6-12 为基本布谷鸟算法的寻优迭代曲线，图 6-13 为改进布谷鸟算法的寻优迭代曲线，从这两条曲线比较可看出，与基本布谷鸟算法相比，改进布谷鸟算法能够快速收敛到全局最优解，具有良好的稳定性。

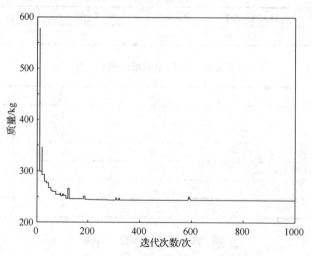

图 6-12　基本布谷鸟算法的寻优迭代曲线图

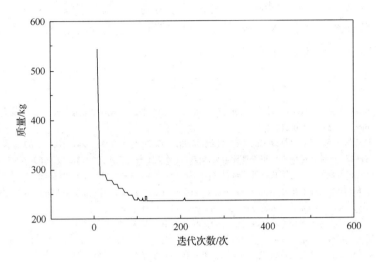

图 6-13 改进布谷鸟算法的寻优迭代曲线图

小 结

本章在研究分析基本布谷鸟算法的基础上，针对桁架结构优化设计的特点，提出了一种改进布谷鸟算法。对于平面和空间桁架结构的截面优化问题，本章利用改进布谷鸟算法对其进行了优化设计，得到了结构较好的截面尺寸，证明了本章改进布谷鸟算法的有效性。

通过改进布谷鸟算法对桁架结构优化的应用研究，能够得到如下结论：

（1）布谷鸟算法作为一种新型的元启发式算法，具有控制参数少、搜索路径优、操作简单、易实现、全局搜索能力强等优点。利用本章提出的改进布谷鸟算法对桁架结构进行优化设计研究，可为桁架结构优化提供一种新的思路和方法，具有一定的参考价值。

（2）针对基本布谷鸟算法存在收敛速度慢、计算时间长的缺点，运用云模型对鸟窝位置的惯性权重进行调整，利用典型测试函数对改进布谷鸟算法进行仿真实验，结果证明改进布谷鸟算法具有较好的收敛速度。

（3）本章利用改进布谷鸟算法对桁架结构进行研究，这对节约工程造价，改善工程结构优化设计的效率具有一定的现实意义。

本章还有以下方面需要做进一步深入的研究：

（1）本章中的设计变量是连续的，而离散变量的桁架结构优化设计更加具有现实意义，并且本章仅针对桁架结构的横截面面积进行了优化，对难度更高的形状优化、拓扑优化及布局优化还需要进一步的探索。

（2）本章采用的数学模型中仅考虑了应力约束、位移约束，对于稳定性约束等条件未做讨论。对于一些需要考虑其他方面约束的较为复杂的桁架结构，本章中改进算法的应用效果还需要进行更深入的研究。

参 考 文 献

[1] YANG X S, DEB S. Cuckoo search via Lévy flights[C]//Proceedings of world congress on nature & biologically inspired computing, 2009, 210-214.

[2] 王李进，尹义龙，钟一文. 逐维改进的布谷鸟搜索算法[J]. 软件学报，2013, 24（11）：2687-2698.

[3] 郑洪清，周永权. 一种自适应步长布谷鸟搜索算法[J]. 计算机工程与应用，2013, 49（10）：68-71.

[4] 冯登科，阮奇，杜利敏. 二进制布谷鸟搜索算法[J]. 计算机应用，2013, 33（6）：1566-1570.

[5] KENNEDY J, EBERHART R C. A discrete binary version of the particle swarm algorithm[C]//IEEE international conference on systems, man, and cybernetics, piscataway, 1997, 4104-4109.

[6] 刘建华. 粒子群算法的基本理论及其改进研究[D]. 长沙：中南大学，2009：77-98.

[7] 杜利敏，阮奇，冯登科. 基于共轭梯度的布谷鸟搜索算法[J]. 计算机与应用化学，2013, 30（4）：406-410.

[8] 王凡. Cuckoo Search 算法的理论研究与应用[D]. 西安：西安工程大学，2011.

[9] 周欢，李煜. 具有动态惯性权重的布谷鸟搜索算法[J]. 智能系统学报，2015, 10（4）：646-651.

[10] 臧睿，刘延龙. 改进的布谷鸟算法及相应罚函数法的应用[J]. 2015, 36（7）：1820-1824.

[11] 李德毅，刘常昱. 论正态云模型的普适性[J]. 中国工程科学，2004, 6（8）：28-33.

[12] 李德毅，孟海军，史雪梅. 隶属云和隶属云发生器[J]. 计算机研究与发展，1995, 32（6）：15-20.

[13] 潘泉，张磊，孟晋丽，等. 小波滤波方法及应用[M]. 北京：清华大学出版社，2005：6-62.

[14] 韦杏琼，周永权，黄华娟，等. 云自适应粒子群算法[J]. 计算机工程与应用，2009, 45（1）：48-50.

[15] 骆志高，王祥，李举，等. 遗传算法与惩罚函数法在辗轧成形工艺参数优化中的应用[J]. 中国机械工程，2009, 20（14）：1705-1707.

[16] 陈少杰，段敬民，赵洪波. 桁架结构优化设计的改进蚁群算法[J]. 工业建筑，2010, 40（1）：55-58.

[17] 任凤鸣，李丽娟. 改进的粒子群优化算法及其在桁架设计中的应用[J]. 广州大学学报（自然科学版），2008, 7（3）：82-85.

[18] 陈芳萌. 改进人工鱼群算法及在桁架结构优化中的应用研究[D]. 邯郸：河北工程大学，2012.

第7章 基于教学优化算法的施工可靠性分析

7.1 基本教学优化算法

基本教学优化（teaching-learning-based optimization，TLBO）算法是由印度研究人员 Rao 等于 2011 年通过对教学过程的模拟提出的一种以班级所有学生为种群的群智能优化算法[1]。同人工鱼群算法、粒子群优化算法、蚁群算法等类似，基本教学优化算法不仅具有一般仿生算法的优点，且收敛的速度及精度均可达到较高水准，同时具备较强的全局搜索力，被广泛应用于多个领域[2-7]。

7.1.1 基本教学优化算法的基本原理

基本教学优化算法是一种模拟教学过程的元启发式算法，其目的是通过教师的"教"和学生之间的相互"学"来提高每个学生的成绩。基本教学优化算法主要包括两部分内容：第一部分为教学部分，主要是教师对学生进行"教"的一个过程，在这个过程中，学生对于教师传授内容的接纳程度符合正态分布，即大部分学生可接受教师所讲的大部分内容，仅小部分学生可以全部掌握，也存在一小部分学生完全不能掌握；第二部分为相互"学"的部分，在教师教授知识后，学生之间可以相互学习、互帮互助，共同提高整体平均水平，即班级内每个学生可随机选择另外一个学生进行比较，向优秀的学生学习。

7.1.2 基本教学优化算法的数学模型

1. 基本教学优化算法的基本概念

基本教学优化算法是以模拟班级的学习过程为基础，将成绩最优的学生定义为教师，其余个体为学生。学生通过两种方式来提高自己的成绩：一是在向教师学习的过程中，不断进步，提高成绩；二是和同学之间互相弥补差异，进一步促进成绩的提升。所学课程的数量相当于目标函数的维度，每一科目都代表了一个决策变量。具体的数学模型表述如下。

对于任意一个目标优化问题，设目标函数为 $z = \max f(X)$，搜索空间为 $S = \left\{ X | x_i^{\mathrm{L}} \leqslant x_i \leqslant x_i^{\mathrm{U}}, \ i = 1, 2, \cdots, d \right\}$，搜索空间中任一搜索点 $X = (x_1, x_2, \cdots, x_d)$，$d$ 表示搜索空间的维度，也就是决策变量的数目，x_i^{L} 和 $x_i^{\mathrm{U}} (i = 1, 2, \cdots, d)$ 分别为每个维

度的下限和上限，$f(X)$ 是目标函数。假设 $X^j = \left(X_1^j, X_2^j, \cdots, X_d^j \right)(j = 1, 2, \cdots, \mathrm{NP})$ 是搜索空间内的任一点，$x_i^j = (i = 1, 2, \cdots, d)$ 为点 X_j 的一个决策变量，NP 代表种群规模，即班级个体总数。将以上概念分别依次对应到基本教学优化算法中：

班级是指在基本教学优化算法中，基于搜索条件，在空间中随机所有可行解的个体的集合；学生是指在搜索空间中的某一点 $X^j = \left(X_1^j, X_2^j, \cdots, X_d^j \right)$；教师指的是搜索空间中最好的个体 X_{best}，即班级里最好的学生，用 X_{teacher} 表示。因此，可用如下形式表示班级：

$$
\begin{pmatrix} X^1 & f(x^1) \\ X^2 & f(x^2) \\ \vdots & \vdots \\ X^{\mathrm{NP}} & f(x^{\mathrm{NP}}) \end{pmatrix} = \begin{pmatrix} X_1^1 & X_2^1 & \cdots & X_d^1 & f(x^1) \\ X_1^2 & X_2^2 & \cdots & X_d^2 & f(x^2) \\ \vdots & \vdots & & \vdots & \vdots \\ X_1^{\mathrm{NP}} & X_2^{\mathrm{NP}} & \cdots & X_d^{\mathrm{NP}} & f(x^{\mathrm{NP}}) \end{pmatrix} \qquad (7\text{-}1)
$$

式中，$X^j(j = 1, 2, \cdots, \mathrm{NP})$ ——班级学生；

$\quad$ NP ——学生总数；

$\quad$ d ——所学科目的总数量。

为了进一步准确理解基本教学优化算法中的基本概念，将优化过程中的一些名词，结合常见的遗传算法、粒子群优化算法、和声搜索算法进行概念对比理解，如表 7-1 所示。

表 7-1　概念对比

优化过程	遗传算法	粒子群优化算法	和声搜索算法	基本教学优化算法
最优个体	适应能力最强的染色体	最优粒子	极好的和声	教师
目标函数	环境评价	位置评价	美学评价	所学科目成绩
自变量	基因	粒子的位置坐标分量	乐器的音调	所学科目
所求问题解	染色体	个体	和声	学生成绩
寻优搜索最优解的过程	进化	移动	音调调节	学习
可行解集合	种群	种群	和声记忆库	班级

2. 基于教学优化算法的基本步骤

（1）初始化班级。在搜索空间中随机生产班级中的一系列学生个体 $X^j = \left(X_1^j, X_2^j, \cdots, X_d^j \right)(j = 1, 2, \cdots, \mathrm{NP})$。

（2）"教"过程。在基本教学优化算法的"教"阶段，班级中每个学生 $X^j(j=1,2,\cdots,\mathrm{NP})$ 根据 X_{teacher} 和学生个体的差异性进行学习。

① 采用如下公式实现"教"过程：

$$X_{\mathrm{new}}^i = X_{\mathrm{old}}^i + \mathrm{difference} \tag{7-2}$$

$$\mathrm{difference} = r_i \times \left(X_{\mathrm{teacher}} - \mathrm{TF}_i \times \mathrm{mean} \right) \tag{7-3}$$

式中，X_{old}^i，X_{new}^i——学生学习前后的值；

$\mathrm{mean} = \dfrac{1}{\mathrm{NP}} \displaystyle\sum_{i=1}^{\mathrm{NP}} X^i$——所有学生的平均成绩。

另外，还有两个关键参数教学因子 $\mathrm{TF}_i = \mathrm{round}[1 + \mathrm{rand}(0,1)]$ 和学习步长 $r_i = \mathrm{rand}(0,1)$。

② "教"完成后，更新学生个体。由更新前后的成绩对比进行优胜劣汰，替掉较差的个体。

$$\mathrm{If}\ f\left(X_{\mathrm{new}}^i \right) > f\left(X_{\mathrm{old}}^i \right)$$

$$X_{\mathrm{old}}^i = X_{\mathrm{new}}^i \tag{7-4}$$

$$\mathrm{End}$$

（3）"学"阶段。对每个学生 $X^i(i=1,2,\cdots,\mathrm{NP})$，在课堂上随机选取一个学生 $X^j(j=1,2,\cdots,\mathrm{NP},\ j \neq i)$。$X^i$ 采用个体差异对比学习的方式进行学习更新。不同之处是基本教学优化算法在"学"阶段为每个学生设置了不同的学习步长 r。

① 采用如下公式实现"学"过程：

$$X_{\mathrm{new}}^j = \begin{cases} X_{\mathrm{old}}^j + r \times (X^j - X^r),\ f(X^r) < f(X^j) \\ X_{\mathrm{old}}^j - r \times (X^r - X^j),\ f(X^j) < f(X^r) \end{cases} \tag{7-5}$$

式中，$r_i = U(0,1)$ 表示第 i 个学生的学习因子。

② 更新操作：

$$\mathrm{If}\ f\left(X_{\mathrm{new}}^i \right) > f\left(X_{\mathrm{old}}^i \right),\ X_{\mathrm{old}}^i = X_{\mathrm{new}}^i \tag{7-6}$$

若符合结束条件，那么迭代运算结束；反之，返回第（2）步继续。

3. 基本教学优化算法流程图

基本教学优化算法流程图如图 7-1 所示。

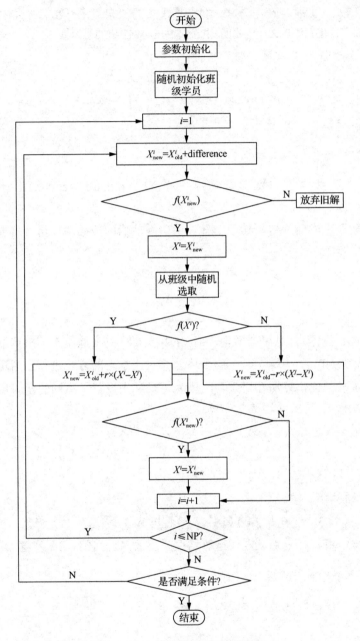

图 7-1　基本教学优化算法流程图

7.1.3　基本教学优化算法的特点

在群智能算法领域，遗传算法与收敛能力较强的粒子群优化算法一样，都是在处理各类复杂优化问题上经历了实际问题检验的算法，都可以作为非常经典的群智能算法，而且这两种算法的应用范围均非常广泛。将基本教学优化算法与这两种经典实用的仿生算法进行比较，更能突显出基本教学优化算法解决各类优化问题的优点与不足。

1. 共同点

（1）均属于仿生算法。遗传算法是模拟生物进化的过程，粒子群优化算法是模拟鸟群的摄食过程，而基本教学优化算法是模拟学生的教学学习过程。

（2）都是在全部解的空间范围进行全局搜索。

（3）搜索策略都是采用随机搜索机制。遗传算法对个体的选择运算和交叉变异过程都是随机的；粒子群优化算法在粒子移动方向与距离的选择上也是一种随机的方式；基本教学优化算法则是在最初空间初始化班级个体及"学"阶段学生相互选择进行彼此学习时是随机行为。

（4）均可并行搜索。遗传算法和粒子群优化算法的每个解集中的每个解都可进行并行搜索寻找最优解，最后可使得各个解集达到全局最优，这样的并行关系运行在计算机中是非常容易解决的，这样可大大提高解的搜索速度。在基本教学优化算法中，"学"阶段的策略本身就具有一种隐含的并行性，因为学生在随机选择另一个学生进行比较学习时，是可有多对学生同时互相交流学习的，具有随机的并行关系，进而可提高全局最优解的搜索速率。

（5）均不被函数所约束。尤其是基本教学优化算法，该算法所需的参数设置只与种群的一些相关设置有关，与优化过程并无绝对关系，这样可简化优化的复杂过程，大大减少算法的时间复杂度。

2. 不同点

（1）理论支撑程度不同。基本教学优化算法作为一种较为新颖的群智能优化算法，在理论研究方面，相对于遗传算法与粒子群优化算法等，目前尚处于不太完善的初级阶段。

（2）收敛性研究程度不同。遗传算法及粒子群优化算法都具有较为成熟的收敛能力判定方法，可评估多数种群的收敛性能。但是，基本教学优化算法在关于收敛性能的理论方面还没有得到数学验证，仍需做进一步研究。

（3）算法难易程度不同。相比遗传算法需要编制编解码，粒子群优化算法涉及种群的移动，基本教学优化算法具有结构简单，易于理解，参数少，便于在计算机上进行操作等特点。

（4）共享机制不同。粒子群优化算法是基于当前解的信息而进行变化，以帮助个体之间信息共享的。基本教学优化算法则大大简化了粒子群优化算法的共享机制，个体在学习过程中可充分共享信息，有助于快速收敛于全局最优解。

（5）参数要求不同。遗传算法需要的参数较多，如利于交叉概率、变异概率和种群规模等；粒子群优化算法组需要粒子位置、速度信息和惯性常量等参数；而基本教学优化算法中，仅在算法初始设置时需要确定相关基本参数，在之后的优化过程中不需要设置其他参数。

（6）记忆能力不同。粒子群优化算法具有较好的记忆能力，可将优秀解保存下来；但与遗传算法类似，基本教学优化算法在搜索迭代初始阶段，容易丢失最初解集，不利于种群多样性发展，具有较差的记忆能力；而遗传算法不具有记忆能力。

通过对比，可更加清晰地了解基本教学优化算法的优势与不足。目前基本教学优化算法因其控制参数少、性能优良、进化机制简单、易于实现等优点，已经应用于解决许多较为复杂的优化问题中，以弥补其他算法易早熟收敛的缺陷。

7.2　改进教学优化算法

7.2.1　基本教学优化算法的改进原理

针对基本教学优化算法的缺陷，国内外许多学者进行了研究，提出了一系列改进算法，推动了基本教学优化算法的发展[8-12]。

通过系统状态的不确定性可将信息与熵联系起来，对于它们之间的可测关系，在 1877 年玻尔兹曼的著名关系式 $S = k \ln W$ 中，将熵（S）与随机出现的微观态数目（W）联系起来，因为 $\dfrac{1}{W} = P$，所以可把熵的概念同概率 P 联系起来，进而提出信息熵。

Shannon 在 1948 年，通过总结前人关于熵的研究结论，把信息熵和统计熵结合起来，首次提出信息熵的概念，又称为广义熵，其公式为

$$H = K \sum_i P_i \ln P_i$$

式中，H——信息熵；

K——常数，依据度量单位而定；

P_i——处于某状态的概率。

在基本教学优化算法的过程中，关于教学因子 TF，一般定义该参数随机取 1 或 2。这样较单一的取值方式代表学生在向最优个体教师学习的过程中，学习程度的随机多样性被限制为仅两种情况，要么全盘接受，要么全部否定不予接受。但是在学生向老师学习的实际过程中，学生根据自己的吸收能力向教师学习。学习前期，学生和教师之间的水平相差较大，因而学生的成绩进步速度较大，当学生水平增长到一定程度时，进步速度开始趋于平缓，此时则需要加强精度进行更

细致的学习。因此，在基本教学优化算法中，由教学因子 TF 来控制学习程度的大小。TF 较大可加快算法的搜索速率，但同时会使搜索能力下降；TF 较小可使搜索精度更加细微，同时在一定程度上会降低搜索速率。

由于学生在向教师学习的过程中成绩具有不确定性，因此用信息熵表示学生成绩的不确定性及其离散程度，当熵值越低时，说明学生成绩离散程度越大，此时应加快搜索速度，使 TF 取较大值；当熵值较大时，说明成绩分布趋于规律和相似，此时应进行更细微的搜索，TF 较小可提高局部搜索能力。

定义 i 科目第 j 个学生的成绩概率分布值为

$$P\left(x_i^j\right)=\frac{x_i^j}{\sum\limits_{j=1}^{\mathrm{NP}}x_i^j} \tag{7-7}$$

则 i 科目的信息熵为

$$S_i=-\sum_{j=1}^{\mathrm{NP}}P\left(x_i^j\right)\log P\left(x_i^j\right) \tag{7-8}$$

基于信息熵改进的教学因子如下：

$$\mathrm{TF}_i=\mathrm{TF}_{\max}-\left[\frac{\mathrm{TF}_{\max}-\mathrm{TF}_{\min}}{S_{\max}}\right]S_i \tag{7-9}$$

综上，基于信息熵改进的教学优化算法步骤如下。

（1）设置算法的基本参数，规模为 N，最大迭代次数为 $\mathrm{iter}_{\max}$。

（2）按照公式 $X_{i,j}=X_{j,\min}+\mathrm{rand}(X_{\max}-X_{\min})$ 初始化种群，其中 $\mathrm{rand}(0,1)$ 为 $(0,1)$ 上的随机数。

（3）计算种群的适应度，选择适应度最优的个体作为教师。

（4）"教"阶段。计算出所有个体的平均值 mean，设教学因子 $\mathrm{TF}_i=\mathrm{TF}_{\max}-$ $\left[\dfrac{\mathrm{TF}_{\max}-\mathrm{TF}_{\min}}{S_{\max}}\right]S_i$。

根据式（7-7）和式（7-9）得出 S_i，然后根据式（7-2）和式（7-3）生成"教"阶段后的新个体，与原个体相比较取其优。

（5）"学"阶段。依据式（7-4）产生"学"阶段后的新个体，与原个体相比较取其优。

（6）根据算法终止条件判断是否输出最优个体。若满足，则输出结果；若不满足，则返回步骤（3）。

7.2.2 改进教学优化算法的寻优过程

改进教学优化算法流程图如图 7-2 所示。

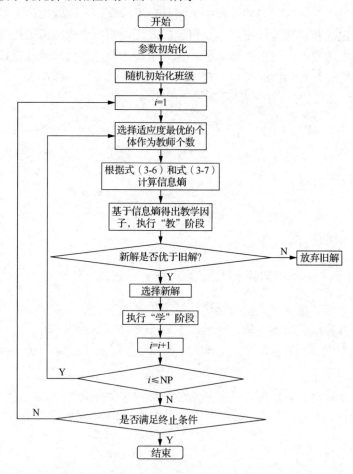

图 7-2　改进教学优化算法流程图

7.2.3 改进教学优化算法的性能分析

通过本节所选的 7 个标准函数，对改进教学优化算法进行性能仿真测试，如表 7-2 所示，分别列出了测试函数的维度、变量范围及精确的最优值。算法基本参数统一设置：种群规模数 $PS=15$，最大迭代数 $iter_{max}=200$，$D=30$，教学因子 $TF_{max}=2$，$TF_{min}=1$。将基本教学优化算法与改进教学优化算法分别独立运行 40 次，得到各算法对于每项测试函数的最优值、平均值及标准差，具体结果如表 7-3 所示。根据最优值可判断算法的全局搜索能力；平均值为算法多次迭代所求最优值的平均值，反映了算法求解的精确度；标准差反映了算法的稳健性。

表 7-2　测试函数

函数	维度 n	变量范围	最优值
$f_1 = \sum_{i=1}^{n} x_i^2$	30	$[-100,100]^n$	0
$f_2 = \sum_{i=1}^{n} |x_i| + \prod_{i=1}^{n} |x_i|$	30	$[-10,10]^n$	0
$f_3 = \sum_{i=1}^{n} \left(\sum_{j=1}^{i} x_j \right)^2$	30	$[-100,100]^n$	0
$f_4 = \max \left\{ |x_i|, 1 \leq i \leq n \right\}$	30	$[-100,100]^n$	0
$f_5 = \sum_{i=1}^{n} i x_i^4 + \mathrm{random}(0,1)$	30	$[-1.28,1.28]^n$	0
$f_6 = \sum_{i=1}^{n} (x_i^2 - 10\cos(2\pi x_i) + 10)$	30	$[-5.12,5.12]^n$	0
$f_7 = \dfrac{1}{4000} \sum_{i=1}^{30} (x_i - 100)^2 - \prod_{i=1}^{n} \cos\left(\dfrac{x_i - 100}{\sqrt{i}} \right) + 1$	30	$[-600,600]^n$	0

表 7-3　优化结果

函数	算法	最优值	平均值	标准差
f_1	TLBO	1.59e-82	1.23e-79	2.60e-79
	ITLBO	0	0	0
f_2	TLBO	6.88e-43	9.20e-41	1.79e-40
	ITLBO	2.44e-281	9.73e-275	3.43e-275
f_3	TLBO	1.15e-162	2.12e-152	9.70e-152
	ITLBO	0	0	0
f_4	TLBO	3.51e-163	1.89e-153	9.62e-153
	ITLBO	0	0	0
f_5	TLBO	1.41e-2	9.68e-2	4.98e-2
	ITLBO	4.76e-4	9.53e-2	1.01e-2
f_6	TLBO	0	2.89e+1	2.44e+1
	ITLBO	0	0	0
f_7	TLBO	0	0	0
	ITLBO	0	0	0

从表 7-3 所列的结果不难看出，改进教学优化算法在求解高维复杂函数时，均可达到较高的精确程度，特别是针对函数 f_1、f_3、f_4、f_6 和 f_7，均得到了全局最非优解。但基本教学优化算法只搜索到了函数 f_7 的全局最优解，其他测试函数均陷入局部最优，所以显而易见，改进教学优化算法具有很强的全局搜索能力。除此之外，在改进教学优化算法的测试结果中，其平均值及标准差也均优于基本教学优化算法，这说明改进教学优化算法还具有较强的稳健性。譬如从图 7-3 和

图 7-4 的寻优收敛曲线图中可得,改进教学优化算法往往较快收敛至全局最优解,但基本教学优化算法的收敛速度较慢或陷进入了局部最优。因此通过标准函数测试可得,改进教学优化算法的收敛速度有明显提高,且易跳出局部最优,可达预期效果。

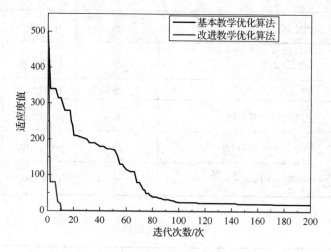

图 7-3　两种算法在 f_6 中的收敛曲线

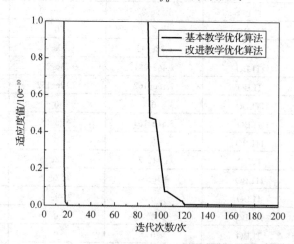

图 7-4　两种算法在 f_7 中的收敛曲线

7.3　改进教学优化算法在施工可靠性分析中的应用

随着土木工程专业的发展,结构可靠性相关研究越来越具有重要的理论及现实意义。国内外许多学者进行了大量的研究,得出了一系列研究成果,推动了结构可靠性相关研究的发展[13-20]。施工可靠性的相关理论[21-24]为装配式项目的施工可靠性优化提供了一定的理论基础。在研究装配式项目施工可靠性优化问题过程中，首要解决的几个主要问题有：一是要针对装配式项目不同于传统施工项目的不同特点，分析绘制系统可靠性框图（reliability block diagram）；二是要分析成本、工期、质量、安全四大目标之间的关系，构建以施工可靠性为约束的多目标优化模型；三是要采用有效的算法求解模型的 Parato 最优解[25-28]。

7.3.1　装配式项目施工可靠性分析

所谓系统可靠性优化，一方面是指在一定的资源条件约束下求得最佳方案，使可靠性达到最优；另一方面是指在满足一定系统可靠性的情况下，求得经济效益最大化。因此将装配式施工过程看作一个系统，利用系统可靠性优化理论，分析施工内外各类影响因素及施工组织的关系，建立在施工可靠性约束条件下的多目标协同优化模型，进而求得施工方案的 Pareto 最优解。

1. 装配式项目施工可靠性框图的绘制

可靠性框图是指从可靠性角度分析系统与子系统逻辑关系的框图，通过连线联系各个部分，以表达各子系统之间串联、并联、串并联、桥式等一般网络结构。

1）施工系统可靠性框图建立方法

系统可靠性模型分为可靠性结构模型和可靠性数学模型两部分。可靠性结构模型是以框图的方式，按其各个单元之间的逻辑关系，构造系统的可靠性概念模型，也称为可靠性框图。可靠性数学模型是用数学表达式的方式将可靠性结构模型关系转化为公式解释。

在建立施工系统可靠性框图的初期，一般要首先了解关于该施工系统的施工流程示意图。从流程图中可以先了解到各工序之间的操作顺序。但可靠性框图所要表现的是各功能单元在逻辑结构上的影响关系，与流程示意图有一定的差别。所以可靠性框图的建立过程，也就是从流程示意图转化为可靠性逻辑结构图的过程。其详细步骤如下。

（1）充分了解整个施工过程的全部流程及其对应的功能关系。

（2）分析各功能系统间的逻辑影响关系，以及功能失效对系统造成的影响。

（3）在流程示意图基础上，分析清楚各功能的可靠性逻辑关系，构造系统的可靠性结构框图。

（4）对应结构框图，建立可靠性数学表达式。

2）分析装配式建筑的施工流程及各工艺之间的可靠性关系

本小节根据本章所述关于施工过程子系统的分析方法，对装配式建筑的一般施工过程进行可靠性关系分析。根据该装配式结构标准层施工流程图（图 7-5），分析各施工过程的功能逻辑关系，得出装配式建筑的施工系统可靠性框图，如图 7-6 和图 7-7 所示。

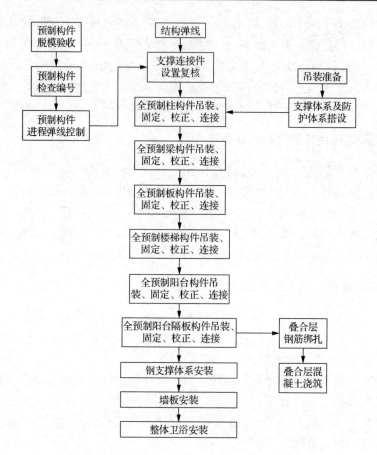

图 7-5　全预制装配式结构标准层施工流程图

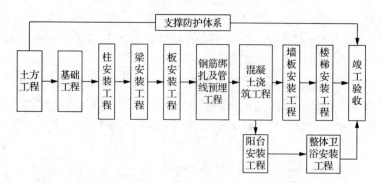

图 7-6　装配式建筑分部工程施工系统可靠性框图

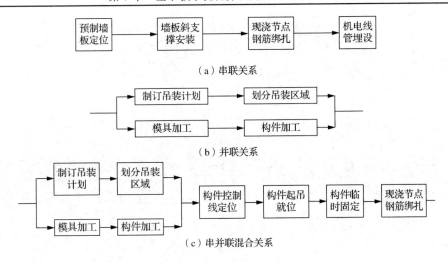

（a）串联关系

（b）并联关系

（c）串并联混合关系

图 7-7　装配式建筑分项工程施工系统可靠性框图

2. 网络系统可靠性计算方法

施工网络是一种较为复杂的网络，在分析过各个施工工艺流程的逻辑关系后，需利用图论的一些知识理论，将各子系统的可靠性逻辑关系建立起逻辑网络，该方法称为网络法，是可靠性分析中常用的一种方法。

利用图论基础，可将复杂而庞大的工程网络系统用图的方式进行表示，进而可解决很多工程设计和管理优化问题。由于图论所描述的图是一种比线性表和树更系统全面的数据结构，方便计算机存储及计算，因此是一种理想的数学模型。

图是指由点与弧的集合组成的一种逻辑示意图。图论所要研究的内容就是通过点、线构成的图，分析子系统之间的特定关系。由于可靠性框图与图论基础中所涉及图的概念相似，这就构成了利用图论的方法对可靠性框图进行网络分析计算的理论基础。对于一个具有复杂网络的复合系统来说，求解系统可靠性的计算过程极为烦琐。本节采用对复杂网络最有效的最小路集法的邻接矩阵法进行求解。

我们用一类较为复杂的桥式网络结构来举例说明，如图 7-8 所示。

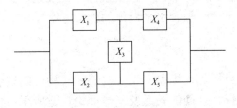

图 7-8　桥式网络结构

首先按式（7-10）对该桥式网络定义其相应的关联矩阵，如式（7-11）所示。

$$c_{ij} = \begin{cases} 0, & \text{若节点} i, j \text{之间无弧直接相连} \\ X, & \text{若节点} i, j \text{之间有弧直接相连} \end{cases} \tag{7-10}$$

$$C = \begin{pmatrix} 0 & X_1 & X_2 & 0 \\ 0 & 0 & X_3 & X_4 \\ 0 & X_3 & 0 & X_5 \\ 0 & 0 & 0 & 0 \end{pmatrix} \tag{7-11}$$

假定运算形式 $C^2 = \left(c_{ij}^{(2)} \right)$，其中 $\left(c_{ij}^{(2)} \right) = \sum_{k=1}^{n} c_{ik} \cdot c_{kj} \cdot c_{ij}^{(2)}$ 代表网络节点 i 到 j 的长度为 2 的最小路全体，那么 $c_{ij}^{(r)}$ 即代表网络节点 i 到 j 的长度为 r 的最小路全体。

若任意节点最小路的最大长度不大于 $n-1$，则任意节点 i, j 间的最小路全体如下：

$$L_S = \sum_{r=1}^{n-1} c_{ij}^{(r)}, \quad \left(c_{ij}^{(1)} \right) = c_{ij} \tag{7-12}$$

在网络图 7-8 中，X_1 为输入节点，X_4 为输出节点，求得 C^2, C^3 中第一行、第四行的元素即为最小路，从而可得从 X_1 节点到 X_4 节点间的最小路集为 $X_1X_4, X_2X_5,$ $X_1X_3X_5, X_2X_3X_4$。

7.3.2　施工可靠性约束下的施工可靠性优化模型

1. 目标优化问题概述

基于系统可靠性的目标优化问题可以分为三大类：第一种是在资源条件的约束下，最大化系统可靠性；第二种是在系统可靠性的约束条件下，使得系统的各目标子系统达到多目标协同优化的状态；第三种是在系统可靠性的约束条件下，满足某目标系统的单目标优化。

追求工程项目的高可靠性固然是我们所期望的，但这样的高追求目标必然会造成建设成本、工期等增加。因此，本节所尝试解决的优化问题是属于上述目标优化问题的第二种，以施工可靠性为约束条件，使质量、工期、安全、成本多目标达到协同优化，得到一个综合水平最优的施工方案。

2. 模型基本假设

本节所建立的多目标优化模型，以各类装配式构件的安装过程为基本施工过程，所涉及的关于各目标之间的关系及其他理论均适应于各级系统。因此以下关于假设的描述，统一称为系统。

（1）对每个系统来说，其对应的实际工期 t_i 的范围介于正常时间 t_{i0} 和极限时间 t_{im} 之间。

（2）施工总系统的总工期，数值上等于施工网络图中的关键路线最小路的子系统工期之和。

（3）施工总系统的总成本，是施工网络图中所有子系统的成本之和。

（4）对于质量和安全这两个定性指标，采用施工目标子系统可靠性的质量可靠性和安全可靠性作为质量与安全的量化指标。

3. 施工可靠性约束下的多目标协同优化模型构建

相对于单目标优化问题而言，在多目标优化问题中，往往各个目标之间会彼此影响，因此在工程实际情况的约束下，不可能获得所有目标的最优解。一般解决多目标优化问题会在各目标之间寻找一个 Pareto 最优解，即尽可能利用协同规划的思想满足基本要求，建立权衡各个目标的多目标协同优化模型，如下式所示。

目标函数：

$$f(t_i,c_i,q_i,s_i)\begin{cases} \min T = \sum_{i\in CP} t_i \\ \min C = \sum_{i\in CP} c_i \\ \max Q = R_Q = F(q_i) \\ \max S = R_S = F(s_i) \end{cases} \quad (7\text{-}13)$$

约束条件：

$$\text{s.t.}\begin{cases} T \leqslant T' \\ C \leqslant C' \\ R_T \geqslant R'_T \\ R_C \geqslant R'_C \\ R_Q \geqslant R'_Q \\ R_S \geqslant R'_S \\ t_{i0} \leqslant t_i \leqslant t_{im} \\ T,C,Q,S,t_{i0},t_{im},c_i,c_{i0},\alpha_i,q_i,s_i \geqslant 0 \end{cases} \quad (7\text{-}14)$$

该模型并不存在最优解，即没有任何施工方案可以使成本、工期、安全、质量 4 个目标均达到最优，因此，该模型需要应用智能优化算法求解。

7.3.3　求解协同优化模型

1. 多目标协同优化问题概述

在工程管理的过程中，有各种各样的问题需要管理者进行决策，如果决策者可根据一个唯一的标准判断决策结果是否达到最优，那么这类问题被称为单目标优化问题；但如果最优结果需要由多个标准共同衡量，决策者根据实际情况适当偏重于某一标准而选择对于整体而言较优的方案，那么这类问题被称为多目标优化问题。在多目标优化问题中，并不存在可以使各个目标都达到最优的最优解。

与单目标优化问题不同，多目标优化问题因其各个目标之间互相牵制，互相影响，具有一定的矛盾或冲突，一个目标的改变，可能会引起其他目标水平的降低，所以，对于多目标优化问题，需要求得的是一个非劣解的集合。在这些集合中的解，具有无法在不降低其他目标解的条件下，进一步改进优化任何目标函数的特点。这些解既被称为非支配解，也被称为 Pareto 最优解。

Pareto 最优解的概念是由经济学家 Pareto 提出的，但传统的数学优化算法是以单点进行搜索的串行算法，与 Pareto 最优解概念不完全相符。近代兴起的群智能算法，在搜索空间进行并行式搜索，且能利用解的相似性进一步提高搜索效率，在搜索到一定程度时，可通过适当干扰，跳出局部最优，增加解的多样性。

目前，遗传算法、蚁群算法等经典群智能算法已在多目标优化领域中取得了一定成果。基本教学优化算法作为一种较新颖的算法，自出现以来，已经在各个领域取得了广泛应用。

2. 基本教学优化算法求解多目标优化模型

1）改进教学优化算法的多目标优化作用机理

由本章对该多目标优化问题的具体分析可知，该多目标优化模型属于组合优化问题，是典型的 NP-hard 问题的求解。随着近代计算机的不断更新与进步，对于该类复杂问题，已从过去用传统的数学规划方法来解决逐渐变为用动态规划、启发式算法等智能优化的方式来解决。

本节的多目标模型求解方法以基本教学优化算法为基本方法，运用基于信息熵的改进多目标教学优化算法。用基本教学优化算法求解多目标优化模型的基本思路是：目标函数的数量即为种群的维度 d，在基本教学优化算法中学生所学科目的数量即可代表种群的维度 d。各个科目的成绩优化过程也就是各目标的优化过程，最后所得整个班级优化后的最优个体的综合成绩即可代表施工整体方案的最佳选择。优化过程如下。

将施工总系统的成本、工期、质量、安全四大目标分别作为学生需要学习的 4 个科目 C,T,Q,S。多目标的优化过程也就是各科目成绩提升、学生整体水平得到不断提高的过程。由于每个学生的学习精力有限，若过分将精力投入某一科目，那么就会影响其他科目的成绩，各科目之间的制约或促进的影响关系等同成本、工期、质量、安全四大目标的基础关系。由规模为 NP 个个体的班级及 4 个科目的成绩构成如下矩阵：

$$\begin{pmatrix} X^1 \\ X^2 \\ \vdots \\ X^{NP} \end{pmatrix} \begin{pmatrix} f(x^1) \\ f(x^2) \\ \vdots \\ f(x^{NP}) \end{pmatrix} = \begin{pmatrix} X_1^1 & X_2^1 & X_3^1 & X_4^1 & f_C(X^1) & f_T(X^1) & f_Q(X^1) & f_S(X^1) \\ X_1^2 & X_2^2 & X_3^2 & X_4^2 & f_C(X^2) & f_T(X^2) & f_Q(X^2) & f_S(X^2) \\ \vdots & \vdots & \vdots & \vdots & \vdots & \vdots & \vdots & \vdots \\ X_1^{NP} & X_2^{NP} & X_3^{NP} & X_4^{NP} & f_C(X^{NP}) & f_T(X^{NP}) & f_Q(X^{NP}) & f_S(X^{NP}) \end{pmatrix}$$

$$(7\text{-}15)$$

式中，$f(x^i)$ 表示第 i 个学生的综合成绩，$f_C(X^i), f_T(X^i), f_Q(X^i), f_S(X^i)$ 分别表示第 i 个学生的 4 个科目的单科成绩，每项成绩所代表的实际意义及综合成绩的计算方式如下：

$$\begin{cases} f_T(x^i) = t_i \\ f_C(x^i) = t_i \\ f_Q(x^i) = R_Q \\ f_S(x^i) = R_S \\ f(x^i) = R = \sqrt[2]{\alpha_1 \times R_T^2 + \alpha_2 \times R_C^2 + \alpha_3 \times R_S^2 + \alpha_4 \times R_Q^2} \end{cases} \tag{7-16}$$

式中，$\alpha_1, \alpha_2, \alpha_3, \alpha_4$ 分别为四大目标的关联度，其和为 1。

在多目标教学优化算法中，本节采用外部精英存档的方式存放当前迭代的最优学习个体。通过应用非支配排序及拥挤距离排序方法，来控制外部精英集合解集的多样性、分布性。外部精英集合中的任一非支配解均可作为教师个体，但为保证学生向个体稀疏的搜索空间进行搜索，尽量选取拥挤距离较大的非支配精英个体作为教师。

算法优化过程结束后，每个优化所得的学生个体均代表一种施工方案，构成了施工可靠性优化的 Pareto 解集。

2）算法的实现

根据工程项目中的工期、质量、成本、安全四大目标，将学生学习课程分为 4 项。班级共有 NP 个学生，班级内最优个体的成绩代表一个施工项目的施工计划优化方案。在受施工系统可靠性的约束限制，并同时满足工程质量、安全、时间、成本的基本条件下，协同作用，得到一组折衷解的集合，即 Pareto 最优解。

针对该类型问题，相关算法优化的流程如下。

（1）设置算法初始参数，班级规模 NP，最大迭代次数 $\text{iter}_{\max}$，外部精英集合规模，目标函数数量 d，设置各目标的上、下界限。

（2）初始化算法，在搜索空间中形成班级所有学生个体。

（3）计算学生个体的目标函数值（也就是个体成绩）作为适应度，选取非支配程度高的个体先形成外部精英集。

（4）在外部精英集合中选取教师个体，进行"教"阶段。

（5）"学"阶段，进行学生随机对比学习，更新较优个体。

（6）依据非支配排序和拥挤度排序，从学生个体和外部精英解中选取综合成绩优秀的个体。

（7）若算法没有满足条件，返回步骤（4）。

7.3.4　工程实例

本节以某装配式住宅项目为例，对该项目中 A7 栋单体建筑进行施工可靠性分析，建立以施工可靠性为约束的质量、安全、成本、工期多目标优化模型，应用基于信息熵的改进教学优化算法对模型求解。该装配式建筑共 15 层，高度为 46m，建筑面积为 $10400m^2$。该结构的体系为全预制装配整体式框架结构，竖向构件为预制混凝土框架柱，抗侧力构件为钢支撑体系，梁采用预制叠合梁，楼板采用预制叠合板，卫生间采用整体预制卫生间，楼梯、阳台、墙板也均采用成品预制构件进行组装。

根据该栋全预制装配建筑的工艺流程，本节将施工总系统分为土方工程子系统、基础工程子系统、柱安装工程子系统、梁安装工程子系统、板安装工程子系统、钢筋绑扎及管线预埋工程子系统、混凝土浇筑工程子系统、墙板安装工程子系统、楼梯安装工程子系统、阳台安装工程子系统、整体卫浴安装工程子系统、支撑防护体系子系统、竣工验收子系统 13 个子系统。以此为例建立装配式施工系统的可靠性框图，如图 7-6 所示。其中吊装工程包括柱吊装、梁吊装、板吊装、楼梯吊装和阳台吊装。各子系统的基本信息如表 7-4 所示，包括各子系统名称、工程量、成本、工期（最乐观 a、最悲观 b 和最可能 m）的 3 种原始数据。

表 7-4　子系统基本信息表

工作单元符号	子系统名称	工程量		成本/元			工期/天		
		单位	数量	a	m	b	a	m	b
x_1	土方工程	m^3	3516	37	40	43	3	4	4
x_2	基础工程	m^3	1650	1078	1094	1098	2	2	3
x_3	柱安装工程	m^3	819	3087	3092	3099	14	15	16
x_4	梁安装工程	m^3	1052	3048	3086	3090	13	15	116
x_5	板安装工程	m^3	105	3485	3494	3497	27	30	32
x_6	钢筋绑扎及管线预埋工程	m^3	539	1273	1275	1279	13	15	15
x_7	混凝土浇筑工程	m^3	286	1638	1648	1649	7	8	10
x_8	墙板安装工程	m^3	2436	5031	5038	5039	12	13	13
x_9	楼梯安装工程	m^3	53	4093	4097	4099	12	14	15
x_{10}	阳台安装工程	m^3	76	3980	3986	3990	11	12	14
x_{11}	整体卫浴安装	个	120	2929	2935	2939	5	7	8
x_{12}	支撑防护体系	套	1252	2049	2057	2059	13	15	16
x_{13}	竣工验收	项	1	4860	4876	4879	1	2	2

1. 装配式住宅子系统可靠性测定

以装配式施工系统中板安装过程中的预制叠合板单元为例，详细阐述关于该子系统各目标可靠性的测定。表 7-5 为预制叠合板安装过程中各工序所对应的时间及成本估计。

表 7-5 预制叠合板安装过程中各工序所对应的时间及成本估计

工序名称	工期/天			成本/元		
	a	m	b	a	m	b
预制叠合板安装准备	0.08	0.10	0.15	34	38	40
弹出控制线并复核	0.09	0.10	0.15	135	137	139
顶板支撑体系施工	0.17	0.20	0.22	616	621	623
切割叠合板位置处墙体混凝土	0.16	0.20	0.25	346	350	353
模板铺设	0.28	0.30	0.34	546	549	551
叠合板起吊、就位	0.37	0.40	0.43	416	418	423
叠合板校正	0.16	0.20	0.25	216	219	225
机电线盒、管线安装	0.08	0.10	0.12	162	165	168
板上钢筋绑扎	0.19	0.20	0.24	263	267	269
钢筋验收	0.09	0.10	0.17	201	208	216
混凝土浇筑	0.16	0.20	0.22	491	499	503

1）子系统工期可靠性及成本可靠性

分析影响复杂施工项目工期及成本的影响因素，收集整理数据，将蒙特卡罗模拟法和传统计划评审技术方法结合，测定子系统的工期可靠性和成本可靠性。依据搜集的各工序施工持续时间的估计，用 MATLAB 对预制叠合板安装子系统工期分布进行蒙特卡罗模拟，运行 20000 次，得到预制叠合板安装子系统工期的频数分布直方图，如图 7-9 所示。其次用蒙特卡罗模拟法模拟成本概率分布，如图 7-10 所示。根据概率分布特性，计算子系统工期可靠性和成本可靠性，可得在 2 天内完成工期的概率为 0.8761，成本控制在 3500 元的概率为 0.7915。

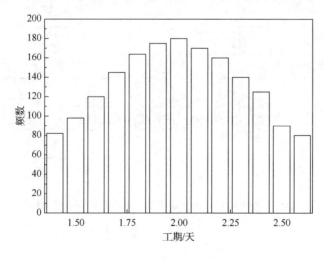

图 7-9 子系统工期频数分布直方图

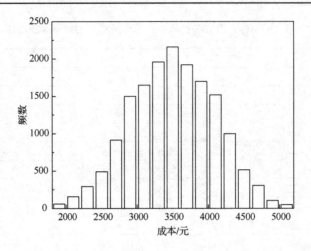

图 7-10　子系统成本概率分布直方图

2）质量可靠性及安全可靠性

分析影响装配式住宅施工项目质量及安全的影响因素，对各类不确定影响因素进行逻辑关系、因果关系梳理，并对各不确定影响因素的发生概率通过统计方法合理估计，建造故障树（图 7-11 和图 7-12），求得故障树最小割集，进而对质量可靠性和安全可靠性定量分析。表 7-6 和表 7-7 分别为图 7-11 和图 7-12 对应的故障树符号含义及基本事件概率。

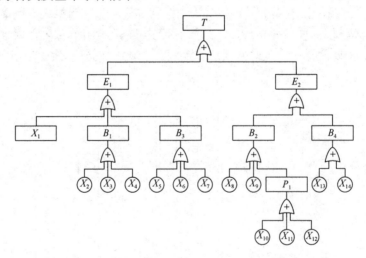

图 7-11　顶事件为"叠合板质量不合格"的质量故障树图

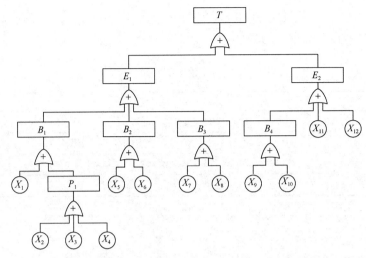

图 7-12　顶事件为"重物高空坠落人员伤亡"的安全故障树图

表 7-6　事件为"叠合板质量不合格"的质量故障树符号含义及基本事件概率

代表符号	代表含义	概率	代表符号	代表含义	概率
T	叠合板质量不合格		X_4	浇筑时振捣不充分	
E_1	预制构件质量不合格		X_5	叠合面划痕深度超标	
E_2	安装工艺不符合要求		X_6	外露钢筋弯折	
B_1	混凝土浇筑质量不合格		X_7	外观质量缺陷	
B_2	入场检查不达标		X_8	套筒定位不准	
B_3	连接点质量不合格		X_9	灌浆部位密封质量不合格	
B_4	安装精度不精准		X_{10}	流动度不达标	
P_1	灌浆料质量不合格		X_{11}	抗压强度不达标	
X_1	构件生产质量不合格		X_{12}	竖向膨胀率不达标	
X_2	养护不符合要求		X_{13}	标高控制线不精准	
X_3	搅拌不充分		X_{14}	复核弹线不合格	

表 7-7　事件为"重物高空坠落人员伤亡"的安全故障树符号含义及基本事件概率

符号	代表含义	概率	符号	代表含义	概率
T	重物高空坠落人员伤亡		X_3	构件混凝土强度不均匀	
E_1	吊装安全事故发生		X_4	吊点位置选择不合理	
E_2	施工人员安全意识薄弱		X_5	机械设备未定期检查	
B_1	吊装连接部位失效		X_6	长时间超重负载	
B_2	吊装机械失效		X_7	操作人员工作量较大	
B_3	吊装操作失误		X_8	指挥人员指挥不当	
B_4	企业监督不足		X_9	安全监督流于形式	
P_1	预制构件质量不合格		X_{10}	对危险源认识不彻底	
X_1	机械吊钩质量不合格		X_{11}	安全防护措施不完善	
X_2	构件内预埋钢筋长度不够		X_{12}	岗前培训不充分	

首先依靠专家分析，评定出各故障树中底事件的基本概率，其次用布尔代数法求得故障树最小割集，如表 7-8 所示。

表 7-8　最小割集列表

故障树名称	最小割集列表
质量故障树	$\{X_1\}\{X_2\}\{X_3\}\{X_4\}\{X_5\}\{X_6\}\{X_7\}\{X_8\}\{X_9\}\{X_{10}\}\{X_{11}\}\{X_{12}\}\{X_{13}\}\{X_{14}\}$
安全故障树	$\{X_1\}\{X_2\}\{X_3\}\{X_4\}\{X_5\}\{X_6\}\{X_7\}\{X_8\}\{X_9\}\{X_{10}\}$
	$\{X_1\}\{X_2\}\{X_3\}\{X_4\}\{X_5\}\{X_6\}\{X_7\}\{X_8\}\{X_{11}\}$
	$\{X_1\}\{X_2\}\{X_3\}\{X_4\}\{X_5\}\{X_6\}\{X_7\}\{X_8\}\{X_{12}\}$

相应结构函数依次对应以上最小割集 f_1,f_2,f_3,f_4，如下所示：

$$f_1 = X_1 + X_2 + X_3 + X_4 + X_5 + X_6 + X_7 + X_8 + X_9 + X_{10} + X_{11} + X_{12} + X_{13} + X_{14}$$
$$f_2 = X_1 + X_2 + X_3 + X_4 + X_5 + X_6 + X_7 + X_8 + X_9 + X_{10}$$
$$f_3 = X_1 + X_2 + X_3 + X_4 + X_5 + X_6 + X_7 + X_8 + X_9 + X_{11}$$
$$f_4 = X_1 + X_2 + X_3 + X_4 + X_5 + X_6 + X_7 + X_8 + X_9 + X_{12}$$

可靠性的概率与事件发生概率的和为 1，因此根据最小割集及基本底事件发生的概率，有

$$P_1(t) = 0.01+0.03+0.01+0.02+0.01+0.01+0.03+0.015+0.02+0.02+0.01+0.025$$
$$+0.01+0.01=0.23$$
$$P_2(t) = 0.01+0.01+0.02+0.01+0.03+0.02+0.02+0.01+0.01+0.02=0.16$$
$$P_3(t) = 0.01+0.01+0.02+0.01+0.03+0.02+0.02+0.01+0.03=0.16$$
$$P_4(t) = 0.01+0.01+0.02+0.01+0.03+0.02+0.02+0.01+0.02=0.15$$

可得质量可靠性为 $1-P_1(t)=1-0.23=0.77$；安全可靠性为 $1-P_{\max[2,3,4]}(t)=1-0.16=0.84$。

采用上述理论方法分析装配式住宅施工系统其他子系统的各影响因素，同理可得各子系统可靠性。具体结果如表 7-9 所示。

表 7-9　各子系统可靠性

符号	子系统名称	成本可靠性	工期可靠性	质量可靠性	安全可靠性	子系统可靠性
X_1	土方工程	0.8546	0.7619	0.8696	0.8996	0.8448
X_2	基础工程	0.7684	0.7916	0.8549	0.8273	0.8099
X_3	柱安装工程	0.7794	0.8169	0.7154	0.8496	0.7887
X_4	梁安装工程	0.8419	0.8491	0.8457	0.7988	0.8336
X_5	板安装工程	0.7915	0.8761	0.8125	0.8837	0.8400
X_6	钢筋绑扎及管线预埋	0.8216	0.8417	0.7985	0.8219	0.8208
X_7	混凝土浇筑	0.8819	0.8419	0.8316	0.8521	0.8517
X_8	墙板安装工程	0.7619	0.8165	0.8845	0.7982	0.8141

续表

符号	子系统名称	成本可靠性	工期可靠性	质量可靠性	安全可靠性	子系统可靠性
X_9	楼梯安装工程	0.8416	0.7319	0.7782	0.8246	0.7929
X_{10}	阳台安装工程	0.8246	0.7158	0.8236	0.8279	0.7965
X_{11}	整体卫浴安装	0.7916	0.8491	0.7238	0.7633	0.7806
X_{12}	支撑防护体系	0.7919	0.8049	0.8846	0.8103	0.8222
X_{13}	竣工验收	0.8415	0.7612	0.8369	0.8845	0.8298

2. 求解施工系统可靠性

下面用最小路集法求系统可靠性。

求解该装配式住宅项目网络系统的最小路集，关联矩阵如下：

$$C = \begin{pmatrix} 0 & X_1 & 0 & 0 & 0 & 0 & 0 & 0 & 0 & 0 & 0 & 0 \\ 0 & 0 & X_2 & 0 & 0 & 0 & 0 & 0 & 0 & 0 & 0 & 0 \\ 0 & 0 & 0 & X_3 & 0 & 0 & 0 & 0 & 0 & 0 & X_{12} & 0 \\ 0 & 0 & 0 & 0 & X_4 & 0 & 0 & 0 & 0 & 0 & 0 & 0 \\ 0 & 0 & 0 & 0 & 0 & X_5 & 0 & 0 & 0 & 0 & 0 & 0 \\ 0 & 0 & 0 & 0 & 0 & 0 & X_6 & 0 & 0 & 0 & 0 & 0 \\ 0 & 0 & 0 & 0 & 0 & 0 & 0 & X_7 & 0 & 0 & 0 & 0 \\ 0 & 0 & 0 & 0 & 0 & 0 & 0 & 0 & X_8 & X_{10} & 0 & 0 \\ 0 & 0 & 0 & 0 & 0 & 0 & 0 & 0 & 0 & 0 & X_9 & 0 \\ 0 & 0 & 0 & 0 & 0 & 0 & 0 & 0 & 0 & 0 & X_{11} & 0 \\ 0 & 0 & 0 & 0 & 0 & 0 & 0 & 0 & 0 & 0 & 0 & X_{13} \\ 0 & 0 & 0 & 0 & 0 & 0 & 0 & 0 & 0 & 0 & 0 & 0 \end{pmatrix} \tag{7-17}$$

用邻接矩阵法求得该系统的最小路集共有 3 条，即

$$L = X_1 X_2 X_3 X_4 X_5 X_6 X_7 X_8 X_9 X_{13} + X_1 X_2 X_3 X_4 X_5 X_6 X_7 X_{10} X_{11} X_{13} + X_1 X_2 X_{12} X_{13}$$

对所求得的最小路集进行不交化处理，可得该施工系统不交化最小路集为

$$f = X_1 X_2 X_3 X_4 X_5 X_6 X_7 X_8 X_9 \overline{X_{10} X_{11} X_{12}} X_{13} + X_1 X_2 X_3 X_4 X_5 X_6 X_7 \overline{X_8 X_9} X_{10} X_{11} \overline{X_{12}} X_{13}$$
$$+ X_1 X_2 X_{12} X_{13}$$

则施工系统可靠性 $R_s = 0.8145$。

3. 基于改进教学优化算法的装配式项目多目标协同优化

根据本章中对四大目标之间函数关系的建模分析，确定该项目中各子系统的相关数据，依据函数关系，建立该项目四大目标之间的具体的关系模型。

1）四大目标基础关系模型

四大目标基础关系模型如表 7-10～表 7-12 所示。

表 7-10　成本-工期、质量-工期关系模型

工作单元	成本-工期关系	质量-工期关系
X_1	$c_1 = 108400 + 2710(12 - t_i) + 1500t_i$	$q_1 = 0.87 + 0.026(t_i - 7)$
X_2	$c_2 = 177760 + 3080(18 - t_i) + 1500t_i$	$q_2 = 0.92 + 0.02(t_i - 14)$
X_3	$c_3 = 406260 + 3300(36 - t_i) + 1500t_i$	$q_3 = 0.83 + 0.0283(t_i - 30)$
X_4	$c_4 = 70870 + 3391(16 - t_i) + 1500t_i$	$q_4 = 0.87 + 0.0325(t_i - 12)$
X_5	$c_5 = 155020 + 2913(21 - t_i) + 1500t_i$	$q_5 = 0.95 + 0.0083(t_i - 15)$
X_6	$c_6 = 103012 + 2264(35 - t_i) + 1500t_i$	$q_6 = 0.85 + 0.0214(t_i - 15)$
X_7	$c_7 = 3440 + 143(35 - t_i) + 1500t_i$	$q_7 = 0.92 + 0.0267(t_i - 7)$
X_8	$c_8 = 42560 + 1010(35 - t_i) + 1500t_i$	$q_8 = 0.82 + 0.06(t_i - 21)$
X_9	$c_9 = 191730 + 3391(31 - t_i) + 1500t_i$	$q_9 = 0.898 + 0.0157(t_i - 28)$
X_{10}	$c_{10} = 317520 + 277(16 - t_i) + 1500t_i$	$q_{10} = 0.92 + 0.0114(t_i - 9)$
X_{11}	$c_{11} = 39984 + 384(140 - t_i) + 1500t_i$	$q_{11} = 0.97 + 0.02(t_i - 127)$
X_{12}	$c_{12} = 52900 + 2116(16 - t_i) + 1500t_i$	$q_{12} = 0.90 + 0.033(t_i - 13)$
X_{13}	$c_{13} = 4500 + 1500t_i$	$q_{13} = 1$

表 7-11　成本-质量、安全-工期关系模型

工作单元	成本-质量关系	安全-工期关系
X_1	$c_1 = 108400 + 19251q_i^2 + 1346q_i + 1325$	$s_1 = 0.85 + 0.03(t_i - 7)$
X_2	$c_2 = 177760 + 16425q_i^2 + 1225q_i + 3112$	$s_2 = 0.88 + 0.021(t_i - 9)$
X_3	$c_3 = 406260 + 51065q_i^2 + 3516q_i + 5915$	$s_3 = 0.95 + 0.0083(t_i - 30)$
X_4	$c_4 = 70870 + 11632q_i^2 + 1944q_i + 1345$	$s_4 = 0.90 + 0.025(t_i - 12)$
X_5	$c_5 = 155020 + 21061q_i^2 + 2915q_i + 1165$	$s_5 = 0.95 + 0.083(t_i - 15)$
X_6	$c_6 = 103012 + 10525q_i^2 + 1011q_i + 1306$	$s_6 = 0.85 + 0.0214(t_i - 15)$
X_7	$c_7 = 3440 + 1347q_i^2 + 387q_i + 824$	$s_7 = 0.91 + 0.03(t_i - 7)$
X_8	$c_8 = 42560 + 9887q_i^2 + 678q_i + 1002$	$s_8 = 0.92 + 0.0267(t_i - 21)$
X_9	$c_9 = 191730 + 40615q_i^2 + 26196q_i + 3306$	$s_9 = 0.89 + 0.0157(t_i - 28)$
X_{10}	$c_{10} = 317520 + 615011q_i^2 + 4115q_i + 3000$	$s_{10} = 0.92 + 0.0114(t_i - 9)$
X_{11}	$c_{11} = 39984 + 3506q_i^2 + 346q_i + 125$	$s_{11} = 0.85 + 0.012(t_i - 127)$
X_{12}	$c_{12} = 52900 + 10326q_i^2 + 3066q_i + 1064$	$s_{12} = 0.88 + 0.04(t_i - 13)$
X_{13}	$c_{13} = 4500 + 1013q_i^2 + 534q_i + 205$	$s_{13} = 1$

表 7-12　成本-安全、质量-安全关系模型

工作单元	成本-安全关系	质量-安全关系
X_1	$c_1 = 108400 + 132881s_i^2 + 1386s_i + 1735$	$q_1 = -3/7 + 10/7s_i$
X_2	$c_2 = 177760 + 11506s_i^2 + 1155s_i + 1633$	$q_2 = -3/7 + 10/7s_i$
X_3	$c_3 = 406260 + 131685s_i^2 + 1655s_i + 1735$	$q_3 = -3/7 + 10/7s_i$

续表

工作单元	成本-安全关系	质量-安全关系
X_4	$c_4 = 70870 + 10625s_i^2 + 1035s_i + 2026$	$q_4 = -3/7 + 10/7s_i$
X_5	$c_5 = 155020 + 236s_i^2 + 1954s_i + 1654$	$q_5 = -3/7 + 10/7s_i$
X_6	$c_6 = 103012 + 1139s_i^2 + 2016s_i + 1679$	$q_6 = -3/7 + 10/7s_i$
X_7	$c_7 = 3440 + 1000s_i^2 + 916s_i + 291$	$q_7 = -3/7 + 10/7s_i$
X_8	$c_8 = 42560 + 134987s_i^2 + 1386s_i + 1754$	$q_8 = -3/7 + 10/7s_i$
X_9	$c_9 = 191730 + 2604s_i^2 + 1902s_i + 1195$	$q_9 = -3/7 + 10/7s_i$
X_{10}	$c_{10} = 317520 + 60212s_i^2 + 3611s_i + 2108$	$q_{10} = -3/7 + 10/7s_i$
X_{11}	$c_{11} = 39987 + 2061s_i^2 + 1320s_i + 921$	$q_{11} = -3/7 + 10/7s_i$
X_{12}	$c_{12} = 52900 + 15002s_i^2 + 1625s_i + 1502$	$q_{12} = -3/7 + 10/7s_i$
X_{13}	$c_{13} = 4500 + 1046s_i^2 + 453s_i + 158$	$q_{13} = -3/7 + 10/7s_i$

2）四大目标协同优化模型

综合分析各目标子系统之间的关系，针对该工程建立如下具体的优化模型函数。

目标函数：

$$f(t_i,c_i,q_i,s_i)\begin{cases} \min T = \sum_{i \in CP} t_i \\[2mm] \min C = \sum_{i=13} \tan\left(\frac{\pi}{4}\frac{R_i}{R_{i(\min)}}\right)^{\frac{1}{\alpha}} \\[2mm] \max Q = F(q_i) = F\left[q_{im} + (t_i - t_{im})\frac{1 - q_{im}}{t_{i0} - t_{im}}\right] \\[2mm] \max S = f(s_i) \end{cases} \qquad (7\text{-}18)$$

约束条件：

$$\text{s.t.}\begin{cases} T \leqslant 160 \\ C \leqslant 22000000 \\ R_{\mathrm{T}} \geqslant 0.71 \\ R_{\mathrm{C}} \geqslant 0.76 \\ R_{\mathrm{Q}} \geqslant 0.74 \\ R_{\mathrm{S}} \geqslant 0.80 \\ t_{i0} \leqslant t_i \leqslant t_{im} \\ T,C,Q,S,t_{i0},t_{im},c_i,c_{i0},\alpha_i,q_i,s_i \geqslant 0 \end{cases} \qquad (7\text{-}19)$$

其中，目标函数中 CP 为该网络的关键线路；α_1 表示费用增长指数，本节取 1800 元/天；$F(q_i)$ 和 $F(s_i)$ 表示施工系统可靠性计算表达式；约束条件中 $R_{\mathrm{T}},R_{\mathrm{C}},R_{\mathrm{Q}},R_{\mathrm{S}}$ 分别为目标子系统的工期可靠性、成本可靠性、质量可靠性和安全可靠性。

通过 MATLAB 进行仿真计算，运行改进教学优化算法，对参数进行设置，种群数 ps = 100，教学因子最大值 $TF_{max} = 2$，最小值 $TF_{min} = 1$，迭代次数 500 次，所得最优个体的成绩即为施工系统可靠性的最优分配方案，如表 7-13 所示。

表 7-13　改进教学优化算法的 Pareto 最优解

方案	工期	成本	工期可靠性	成本可靠性	质量可靠性	安全可靠性	施工可靠性
1	158	20163416	0.91	0.86	0.92	0.84	0.88
2	152	22615491	0.86	0.83	0.81	0.83	0.84
3	155	22468941	0.82	0.89	0.88	0.85	0.85
4	150	23123450	0.88	0.83	0.79	0.82	0.82

同时与用教学优化算法求解出的结果进行对比分析，可以看出，改进教学优化算法计算所得的子系统可靠性基本均优于遗传算法所得结果，依据施工系统可靠性原理计算出系统可靠性及系统成本，对比显示，改进教学优化算法的系统成本较低且具有较优的系统可靠性。

小　　结

本章从系统工程的角度来分析装配式建筑的施工全过程，建立了以施工系统可靠性为约束条件，工期、成本、质量、安全四大目标协同优化的模型，并采用改进教学优化算法求解模型，取得了合理有效的优化结果。

参 考 文 献

[1] RAO R V, SAVSANI V J, VAKHARIA D P. Teaching-learning based optimization: a novel method for constrained mechanical design optimization problems [J]. Computer-aided design, 2011, 43(3): 303-315.

[2] RAO R V, PATEL V. An elitist teaching-learning-based optimization algorithm for solving complex constrained optimization problems [J]. International journal of industrial engineering computations, 2012, 3(4): 535-560.

[3] ZOU F, WANG L, HE X H, et al. Multi-objective optimization using teaching-learning-based optimization algorithm [J]. Engineering applications of artificial intelligence, 2013,26(4):1291-1300.

[4] TOGAN V. Design of planar steel frames using teaching-learning based optimization [J].Engineering structures, 2012, 34(1): 225-232.

[5] TAYFUN D. Application of teaching-learning-based on optimization algorithm for the discrete optimization of truss structures [J]. Structural engineering, 2014, 18(6): 1759-1767.

[6] REPIN, E M, LIU S H, et al. A note on teaching-learning-based optimization algorithm[J].Information sciences an international journal, 2012, 212(212): 79-93.

[7] CHENG W, LIU F, LI L J. Size and geometry optimization of trusses using teaching-learning-based optimization [J]. International journal of optimization in civil engineering, 2013, 3(3): 431-444.

[8] RAO R V, PATEL V. Multi-objective optimization of heat exchangers using a modified Teaching-learning-based optimization algorithm [J]. Applied mathematical modeling, 2013, 37(3): 1147-1162.

[9] 拓守恒，雍龙泉，邓方安．"教与学"优化算法研究综述[J]. 计算机应用研究，2013，30（7）：1933-1938.

[10] 李志南, 南新元, 李娜, 等. 多学习教与学优化算法[J]. 计算机应用与软件, 2016（2）: 246-249.

[11] 高立群, 欧阳海滨, 孔祥勇, 等. 带有交叉操作的教-学优化算法[J]. 东北大学学报（自然科学版）, 2014, 35（3）: 323-327.

[12] 王培崇. 改进的动态自适应学习教与学优化算法[J]. 计算机应用, 2016, 36（3）: 708-712.

[13] 蒋勤俭. 国内外装配式混凝土建筑发展综述[J]. 建筑技术, 2010, 41（12）: 1074-1077.

[14] 肖岩, 佘立永, 单波, 等. 装配式竹结构房屋的设计与研究[J]. 工业建筑, 2009, 39（1）: 56-59.

[15] 薛伟辰. 预制混凝土框架结构体系研究与应用进展[J]. 工业建筑, 2002, 32（11）: 47-50.

[16] 顾祥林, 许勇, 张伟平. 既有建筑结构构件的安全性分析[J]. 建筑结构学报, 2004, 25（6）: 117-122.

[17] 李国强. 基于概率可靠性进行结构抗震设计的若干理论问题[J]. 建筑结构学报, 2000, 21（1）: 12-16.

[18] 牛荻涛, 王庆霖, 陈慧仪. 在役结构可靠性评价述评[C]//全国结构工程学术会议, 1994.

[19] 罗兴隆, 邓长根, 陈以一. 工业厂房钢结构可靠性监控研究[C]//全国建筑物鉴定与加固改造学术会议, 2002.

[20] 杜修力, 高云昊, 张明聚, 等. 网络分析法及其在地下工程风险分析中的应用[J]. 土木工程学报, 2010（S2）: 353-357.

[21] 史玉芳. 施工项目管理可靠性综合控制技术研究[D]. 西安: 长安大学, 2005.

[22] 邓铁军. 结构工程施工系统可靠性理论方法及其应用的研究[D]. 长沙: 湖南大学, 2007.

[23] 陆宁, 廖向晖, 王巍, 等. 大型项目施工管理可靠性综合控制的构架研究[J]. 重庆建筑大学学报, 2007, 29（2）: 132-134.

[24] 陆宁, 史玉芳, 高选强, 等. 施工工序子系统可靠性的确定方法研究[J]. 西安建筑科技大学学报（自然科学版）, 2006, 38（3）: 311-315.

[25] PARK H K, OCK J H. Unit modular in-fill construction method for high-rise buildings[J]. Journal of civil engineering, 2016, 20(4): 1201-1212.

[26] CHRISTOPHER R, MOHAMMAD N, MELANIE P. Optimum assembly planning for modular construction components[J]. Journal of computing in civil engineering, 2017, 31(1): 256-231.

[27] ZHONG R Y, PENG Y, XUE F, et al. Prefabricated construction enabled by the Internet-of-Things[J]. Automation in construction, 2017, 76:59-70.

[28] SAID H M, CHALASANI T, LOGAN S. Exterior prefabricated panelized walls platform optimization[J]. Automation in construction, 2017, 76:1-13.

第8章 基于蛙跳算法的结构可靠性分析

2003 年，Eusuff 和 Lansey 探索出一种新的智能优化算法——混合蛙跳算法（简称蛙跳算法），这种算法的出现融合了模拟进化算法和粒子群优化算法的优势[1]。蛙跳算法基本原理简单，运行便捷，并且全局搜索能力较强[2]，一经被提出，便引起了广大学者的广泛关注。蛙跳算法可以对约束条件进行转化并进行寻优，其求解出来的 Pareto 解集比传统优化算法要更优秀。混合蛙跳算法的这些优点恰好符合可靠性问题计算的要求，因此为可靠性分配问题的求解提供了一种新的思路。

8.1 基本蛙跳算法

8.1.1 基本蛙跳算法的原理

基本蛙跳算法具有两重相互对立又统一的性质，即确定性与随机性。这两种性质的表现形式是：在算法初始阶段假设有 N 只青蛙个体随机分布，这些青蛙所组成的种群称为初始青蛙种群 $P = \{X_1, X_2, \cdots, X_N\}$，$D$ 维解空间中的第 i 只青蛙表示为 $X_i = \{X_{i1}, X_{i2}, \cdots, X_{iD}\}$。对青蛙种群进行参数和位置初始化，然后根据每只青蛙个体的适应度从高到低依次进行生成，将 X_g 记为此时适应度值最高的青蛙个体；把青蛙种群分割并由 m 个模因组构成，其中小组由 n 只青蛙构成，并满足关系 $N = m \times n$[3]。按照适应度值，将青蛙依次放入小组中。设 M^k 为第 k 个模因组的青蛙的集合，可用函数表达式表示为

$$M^k = \left\{ X_{k+m(1-i)} \in P \middle| 1 \leq i \leq n \right\}, \quad 1 \leq k \leq m \tag{8-1}$$

接下来，为了加强局部搜索，需要对小组内的 X_w 进行局部更新（更新后记为 X'_w），即根据青蛙跳跃寻找食物的规则进行更新：

$$D = r\left(X_b - X_w \right) \tag{8-2}$$

$$X'_w = X_w + D, \ D \leq D_{max} \tag{8-3}$$

式中，r——0 与 1 之间的随机数；

X_b——小组里具有最高适应度值的青蛙；

X_w——小组里具有最低适应度值的青蛙；

D_{max}——蛙所允许改变位置的最大值。

在更新操作结束之后，如果新求出的青蛙适应度值比原来的适应度值高，则直接保留较高适应度值青蛙的位置；反之，则种群中具有最高适应度值的青蛙取

代小组中适应度值最高的青蛙，并按式（8-2）和式（8-3）继续进行操作；操作结束后，如果相对小组最差值，此轮求得的适应度值没有得到优化，则在搜索域范围内随机生成一个青蛙位置并记为新 X_w。重复以上操作，当达到迭代次数或者终止迭代条件时即停止搜索。

8.1.2　基本蛙跳算法的数学模型

1. 算法步骤

（1）进行基本参数的初始化，包括青蛙群体中种群的规模 F、青蛙的数量 n、模因组数量 m、模因组内部的进化次数 M、最大迭代次数等。

（2）计算种群中每只青蛙的适应度值，并根据适应度从高到低依次进行排列。

（3）初始时设定共有 m 个青蛙子群，此时每个小组中有 N/m 个青蛙。在进行划分的过程中，将 N 个青蛙在 m 个子群中根据适应度从高到低进行划分，将所有青蛙进行排序分类。

（4）在每个子群的搜索域中找到种群的最优位置和最差位置，以及整个种群的最优个体位置。

（5）在更新操作结束之后，如果新求出的青蛙适应度值比原来的适应度值高，则直接保留较高适应度值青蛙的位置；反之，则种群中具有最高适应度值的青蛙取代小组中适应度值最高的青蛙，并按式（8-2）和式（8-3）继续进行操作；操作结束后，如果相对小组最差值，此轮求得的适应度值没有得到优化，则在搜索域范围内随机生成一个青蛙位置并记为新 X_w。

（6）对局部搜索执行 L_{max} 次操作，并将青蛙重新混合再进行排序和将蛙群分割成模因组。

（7）当此轮迭代完毕后，判断更新是否达到预先设置的收敛条件，若达不到，则返回步骤（2）；如此反复，直到达到定义的收敛条件为止，则此时输出搜索的最优解。

2. 基本蛙跳算法流程图（图 8-1）

基本蛙跳算法流程图如图 8-1 所示。

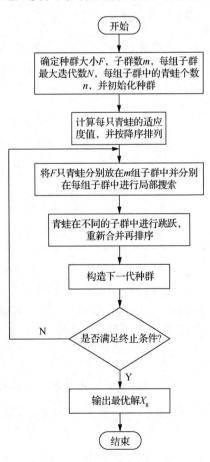

图 8-1　基本蛙跳算法流程图

8.1.3　基本蛙跳算法的特点

在基本蛙跳算法中，位置更新是模拟蛙群进行觅食的自然进化过程，基本蛙跳算法因其基本概念简单、程序所需初始参数较少，故易于实现寻优过程，且其计算求解的速度较快。

但在蛙群搜索过程中，适应度最低的青蛙个体会排列在最后面，位置更新后仍然排在最后面，最终产生强者恒强、弱者更弱的局面，使种群收敛速度下降；另外，青蛙觅食过程中缺乏足够的扰动因素，搜索过程单一，在后期搜索范围缩小后易出现局部最优状况。

8.2　改进蛙跳算法

8.2.1　基本蛙跳算法的改进思路

智能算法都是模拟自然界种群表现出的各种行为，由于不同的智能算法原理不一样，其优劣各异，对具体应用的适应性也不同，本节对基本蛙跳算法、细菌觅食优化算法和化学反应优化算法的优缺点进行分析，如表 8-1 所示。

表 8-1　优缺点分析

理论	优点	缺点
基本蛙跳算法	基础原理简单、初始设置参数较少、运行速度较快	收敛精度低，易受最优个体影响
细菌觅食优化算法	并行搜索、易跳出局部极小值	全局寻优效率低
化学反应优化算法	执行效率高、通用性强	对迭代次数不做明确定义，单次迭代时只对一个子集进行更新

与细菌觅食优化算法和化学反应优化算法相比，基本蛙跳算法具有初始设置参数较少、运行速度较快等特点，在很多工程领域都得到了应用[4-5]。但基本混合蛙跳算法具有收敛精度低、易受最优个体影响等缺点。为克服此缺陷，拟引入细菌觅食优化算法中的迁移机制和化学反应优化算法，对基本蛙跳算法进行改进。具体思路如下。

1.　细菌觅食优化算法中的迁移机制

迁徙操作主要是参考细菌在环境改变的情况下会迁移至适合生存的环境的行为[6-9]。这种操作模式可以有效减少搜索解的聚集性，避免出现较多数量的细菌在搜索域内某一区域聚集的现象，增加稳健性。细菌觅食优化算法通过迁徙行为避免陷入局部最优，增强了全局搜索能力。

通过引入细菌觅食优化算法中的迁移机制，在改进蛙跳算法中，蛙群进行一定次数的搜索觅食后，当青蛙的适应度值相同时，两只青蛙会按照一定的概率 P_{ed} 迁移至搜索域内某个位置，此时，适应度值不同的青蛙个体保持原有的位置不变。青蛙种群的这一迁移操作可用下式来表示，即生成将被迁徙到的新位置为

$$X'_w = X_w + P_{ed} \times (\max - \min) \tag{8-4}$$

式中，X'_w——更新后的青蛙位置；

$\quad\quad X_w$——原来的青蛙位置；

$\quad\quad P_{ed}$——迁移概率，为[0,1]区间的随机数；

$\quad\quad \max$——搜索空间边界的极大值坐标；

$\quad\quad \min$——搜索空间边界的极小值坐标。

2. 随机分组策略

在蛙跳算法的初步阶段首先要进行排序分组，因此引入随机分组的思想，尝试在算法运行初期提高全局搜索能力。这种思想的具体操作为：在进行降序排列分组的过程中，按照子群的数目将解集进行分割成 N/n 个小组，将每个小组中的青蛙个数随机分布在每个小组中，但分布过程中每个解只能进入一个小组中，不能出现两个解同时在一个小组中，直至所有解均随机划入小组内。这种思想可以使算法在初始阶段时全局较优解的位置进行随机放置，同时强化了各个小组的寻优能力，增强了算法的多样性。

3. 基于化学反应优化算法的高斯突变

基本蛙跳算法寻优过程对于算法本身搜素范围和搜索能力有很大影响。如果选用固定步长，会使算法存在一定缺陷。例如，步长太大，虽然会使算法趋向于极值点的速度变快，但是搜索的区域扩大而且算法求解精度降低了；步长太小，会导致迭代时搜索前进范围变小，搜索时间延长。因此，为了解决这一问题，可以采用化学反应优化算法调整步长突变概率、扩大搜索范围、增加种群多样性，减少陷入局部较优的概率。

高斯突变[10-15]是一种领域搜索算子 $N(\cdot)$，应用在分子的有效和无效碰撞中，此处考虑为青蛙在搜索过程中，若相遇即适应度值相同时，进行高斯突变：

$$X_w = \omega = [\omega(i), 1 \leqslant i \leqslant n] \tag{8-5}$$

$$\omega(i) \in [l_i, u_i], \quad l_i \leqslant u_i; \quad l_i, u_i \in \mathbf{R}, \quad \forall i \tag{8-6}$$

首先假设 Δ_i 是均值为 0、方差为 σ^2 的高斯概率密度函数，取其值为 δ_i，则

$$\omega(i) = \begin{cases} 2l_i - \tilde{\omega}(i), & \tilde{\omega}(i) < l_i \\ 2u_i - \tilde{\omega}(i), & \tilde{\omega}(i) > u_i \\ \tilde{\omega}(i), & 其他 \end{cases} \tag{8-7}$$

此时，青蛙个体新的适应度为

$$X'_w = X_w + \delta_i = \omega(i) + \delta_i \qquad (8\text{-}8)$$

8.2.2 改进蛙跳算法的实现步骤

改进蛙跳算法的实现步骤如下。

（1）对基本参数进行初始化，包括青蛙的种群规模 P、各子群数量 M 和步长等。

（2）随机划分包含 P 只青蛙的种群，并计算其中每只青蛙的适应度值。

（3）进行迭代搜索，根据计算的适应度值，对整个蛙群从高到低进行排列，并划分为 M 个小组。

（4）对蛙群中适应度值相同的青蛙个体进行化学优化算法中的高斯突变。

（5）引入细菌觅食优化算法中的迁移机制，随机对蛙群中的个体进行迁移操作。

（6）当完成局部搜索后，将已经执行完所有操作的青蛙混合在一起，构建出新的种群。

（7）判断所计算的适应度值是否满足收敛条件，若不满足，则返回步骤（3），对蛙群进行适应度值的重新划分，进行局部搜索；若满足适应度要求或者迭代次数条件，则算法结束。

改进蛙跳算法的寻优流程图如图 8-2 所示。

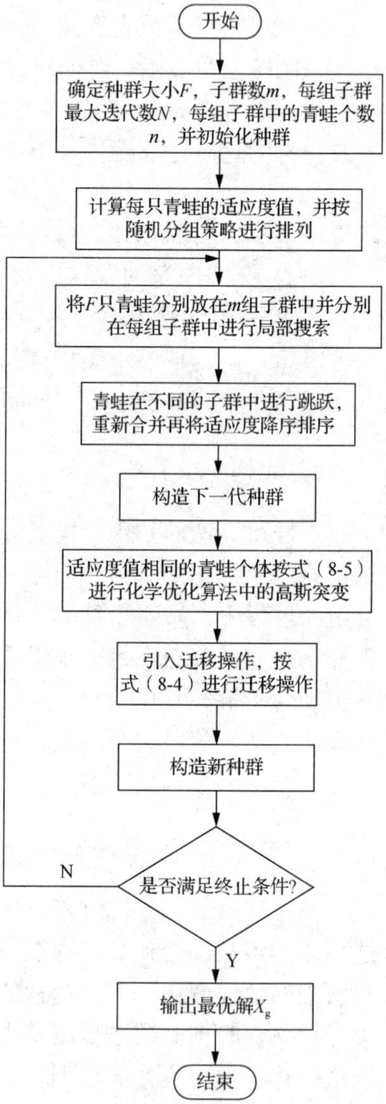

8.2.3 改进蛙跳算法的仿真实验

1. 测试函数

为了验证所提出的改进蛙跳算法的性能，使用以下 3 个标准测试函数进行数值实验，各函数的表达式、搜索范围和理想状态下的最优值如表 8-2 所示，测试图如图 8-3 所示。

图 8-2 改进蛙跳算法的寻优流程图

表 8-2 标准测试函数

测试函数	表达式	寻优范围	适应度值	函数类型
Schwefel	$f_1 = -x \times \sin\sqrt{\|x\|} - y \times \sin\sqrt{\|y\|}$	$[-500,500]$	-837.966	单峰
Griewank	$f_2 = \dfrac{1}{4000}\sum_{i=1}^{n} x_i^2 - \sum_{i=1}^{n}\cos\left(\dfrac{x_i}{\sqrt{i}}\right) + 1$	$[-600,600]$	0	多峰
Rastrigin	$f_3 = \sum_{i=1}^{n}\left(x_i^2 - 10\cos(2\pi x_i) + 10\right)$	$[-5.12,5.12]$	0	多峰

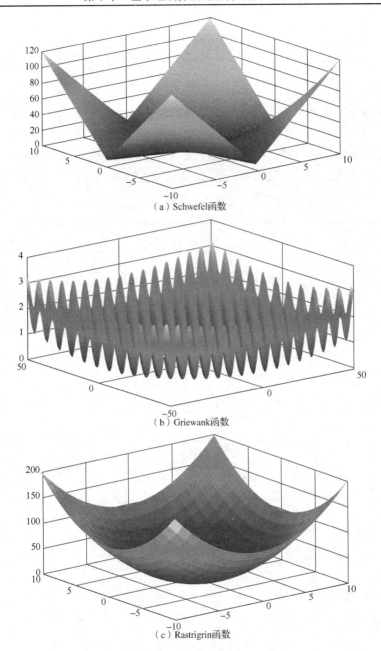

（a）Schwefel 函数

（b）Griewank 函数

（c）Rastrigrin 函数

图 8-3 三维测试函数图

（1）Schwefel 函数。$f_1 = -x \times \sin\sqrt{|x|} - y \times \sin\sqrt{|y|}$ 的搜索范围为[-500,500]，此函数的全局最小值为-837.966。

（2）Griewank 函数。$f_2 = \dfrac{1}{4000}\sum_{i=1}^{n}x_i^2 - \sum_{i=1}^{n}\cos\left(\dfrac{x_i}{\sqrt{i}}\right) + 1$ 的搜索范围为[-600,600]，

此函数的全局最小值为 0。

（3）Rastrigrin 函数。$f_3 = \sum_{i=1}^{n}\left[x_i^2 - 10\cos(2\pi x_i) + 10\right]$ 的搜索范围为 $[-5.12, 5.12]$，

此函数的全局最小值为 0。

对上述测试函数，采用基本蛙跳算法与改进蛙跳算法在 MATLAB 中分别运行 30 次。表 8-3 为两种算法最优解的平均值及标准差的对比结果，分别从 300 次运行结果的最低适应度值、最高适应度值、平均适应度值和运行时间这 4 个方面进行比较。图 8-4 为不同测试函数下最优的一次求解结果的收敛曲线。

表 8-3   两种算法最优解的平均值及标准差的结果对比

算法 测试 函数	最低适应度值		最高适应度值		平均适应度值		运行时间/s	
	基本蛙跳 算法	改进蛙跳 算法	基本蛙跳 算法	改进蛙跳 算法	基本蛙跳 算法	改进蛙跳 算法	基本蛙跳 算法	改进蛙跳 算法
f_1	−720.516	−837.966	−837.966	−837.966	−837.964	−837.966	30.24	18.28
f_2	0.369	0	0.041	0	0.127	0	30.76	17.47
f_3	29.422	0	2.463	0	11.426	0	30.69	16.92

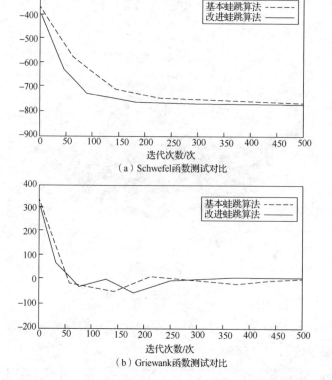

（a）Schwefel函数测试对比

（b）Griewank函数测试对比

图 8-4   不同测试函数下最优的一次求解结果的收敛曲线

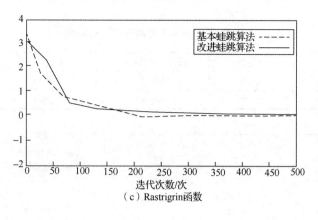

（c）Rastrigrin函数

图 8-4（续）

从上述这一系列彼此相互对比的图表中可以看出，经过 100 次迭代后，相对于基本蛙跳算法，改进蛙跳算法初始状态时趋向于极值点的效率更高，随后在迭代了 300 次左右后，基本蛙跳算法也找到了相对较优解，但是其寻优的速度与准确度要明显低于改进蛙跳算法。改进蛙跳算法更易得到最优解。

2. 旅行商问题

在智能算法测试中，我们除了采用标准测试函数进行仿真模拟测试对算法性能进行评估外，还可以采用 TSP 对算法的效率和精度进行测试。TSP 指旅行的商人在旅途中会经过多个城市，从第一个城市出发到最后一个城市结束，选出一条路程尽可能短且不能重复的旅行路线[16-20]。

因此，本节选用典型的 TSP 中的 3 个计算实例：Eil51、Berlin52、Pcb442，将这 3 个路径进行优化，并进行计算求解，然后将基本蛙跳算法与改进蛙跳算法的优化求解结果进行对比。分析性能的优劣性算法的基本参数为：种群规模 300，最大迭代次数 500。算法运行结束后的结果如表 8-4～表 8-6 和图 8-5～图 8-7 所示。

表 8-4 Eil51 实例算法性能对比

算法	已知最优解	搜索出的最好解	搜索出的最差解	收敛代数
基本蛙跳算法	426	435	460	291
改进蛙跳算法	426	426	432	217

表 8-5 Berlin52 实例算法性能对比

算法	已知最优解	搜索出的最好解	搜索出的最差解	收敛代数
基本蛙跳算法	7542	7668	7981	418
改进蛙跳算法	7542	7542	7642	326

表 8-6　Pcb442 实例算法性能对比

算法	已知最优解	搜索出的最好解	搜索出的最差解	收敛代数
基本蛙跳算法	50778	50802	50972	345
改进蛙跳算法	50778	50778	50793	317

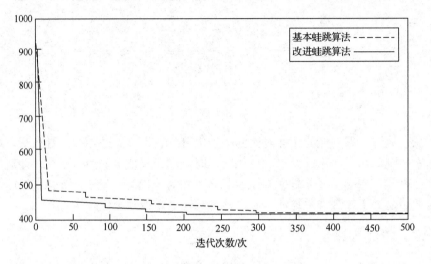

图 8-5　算法在 TSP Eil51 实例上的对比图

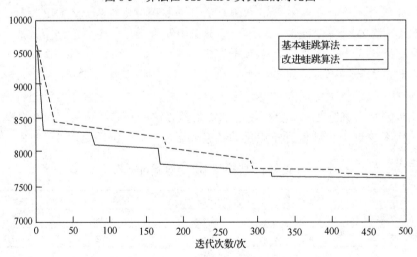

图 8-6　算法在 TSP Berlin52 实例上的对比

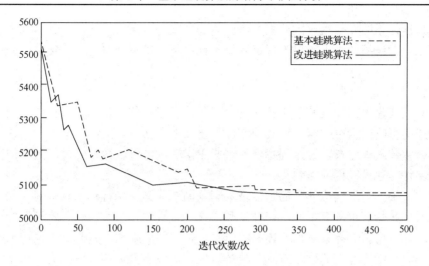

图 8-7　算法在 TSP Pcb442 实例上的对比

从表 8-4～表 8-6 所得到的结果可以得知,基本蛙跳算法在搜索过程中未能达到最优解,但改进蛙跳算法在 3 种实例中均能搜索出已知最优解,表明了改进蛙跳算法搜索的精确性。从图 8-5～图 8-7 可以看出,在搜索过程中,改进蛙跳算法初始状态下能快速收敛至较优解,且不易陷入局部最优,体现了改进蛙跳算法的高效性。

8.3　改进蛙跳算法在结构可靠性分析中的应用

8.3.1　系统可靠性模型影响因素的确定

1. 系统可靠性模型影响因素确定的原则

1）基本原则

（1）客观性原则。模型需对行业目前的发展水平做出准确的定位,指标体系应真实客观地反映子系统之间的基本关系。

（2）实用性原则。作为成果的评判标准应该通俗易懂、用词不易引起误解,并且所用的指标应该经常在学术报告中被引用,被人所熟知,如方差、最差值、效率、成功率等,这种指标形式更能清晰地量化可靠性,又有较高的接受度。

（3）适用性原则。指标体系的适用性应更广泛,否则就会降低其与实践结合的能力,因此,指标体系一般应该有多重功能,如预警、解释、评价、决策等。

（4）阶梯性原则。指标体系是一个多层结构,应该分为若干个层次,由若干子系统构成,从上而下、从概到细逐层聚合。

（5）完整性原则。对于指标体系而言,最重要的是不能出现盲点或者错漏,保证指标体系的完整性，因此需要考虑到的情况应该尽可能全面，各方面的影响因素应该考虑清楚，不能仅考虑成本而忽视质量，也不能只考虑进度而忽视整体调度。

2）独特性原则

装配式建筑的建设有别于传统施工工艺，其指标体系是一个复杂的系统，需要考虑的影响因素更加特别，其独特性主要体现在如下几点：

（1）装配式建筑建设过程指标体系应跟国家的方针、政策保持一致，应考虑相关文件对建设过程的影响。

（2）根据装配结构体系的特点及其影响因素来建立指标体系。针对不同对象分析时，其特点也各有不同。在开发和操作的过程中，经济情况、资源分配、周边环境、社会影响都会对指标体系的建立产生不同的影响，其侧重点也会不同。

（3）装配式建筑的建造方式与传统现场湿作业本身的施工方法有所差别，指标的建立自然有所区别。但是相比于传统施工方法，装配式建筑建设过程具有何种差异，这种差异会造成什么影响，在指标体系中也需要有所体现。

2. 系统可靠性模型影响因素的框架设计

针对装配式混凝土结构的特性，本节主要从以下 3 个方面进行阐述：总目标层、子系统层、因素层。

1）总目标层

本节的总体研究目标是装配式混凝土结构的建设全过程系统可靠性分析，通过对各子系统的研究，综合考虑各个影响因素，从而判断系统可靠性的高低及哪个子系统对系统可靠性影响最大。

2）子系统层

通过对装配式混凝土结构的建设全过程进行研究，对前期阶段到建造阶段进行分解，可以分为设计、生产、运输、施工 4 个子系统。

3）因素层

因素层是指在建设全过程中，对各子系统产生影响的主要因素。因素层揭示了在各子系统背后产生一些影响的原因，包括人员因素、外力因素、自然因素等。

8.3.2　系统可靠性模型建模步骤

在预制装配式混凝土结构建设过程中，不同环节中的各因素对结果的影响非常大，因此，必须考虑不同因素对结果的影响程度。本节将预制装配式混凝土框架结构建设全过程可靠性分析分为以下几个步骤。

（1）根据系统各环节的本质情况，确定各环节的影响因素，对功能层次进行划分。

（2）比较分析研究系统中各因素的重要性，构建无权重超矩阵。

（3）归一化后构建权重矩阵。

（4）求得极限超矩阵，在求解出目标层的权重后，对目标层的权重进行排序，然后计算出各环节中的总排序。

（5）根据权重代入可靠性模型，得到建设全过程中各个可靠指标的可靠性。

（6）根据专家经验划分评价集，确定其归属类别，得到预制装配式混凝土框架结构建设全过程的可靠性评价结论。

（7）进行系统可靠性分析，按系统、子系统、影响因素的层次逐一进行，找出系统的薄弱环节，为系统可靠性的改善、监测等提供方向。

8.3.3　装配式混凝土结构建设过程子系统模型

在预制装配式混凝土框架结构建设全过程中，其建设流程主要是从构件设计、工厂对设计的构件进行生产，再到从工厂运输到施工现场，最后通过现场拼装施工完成整栋建筑物。建设全过程因素分解的基本框架如图 8-8 所示，各子系统之间的组织结构如图 8-9 所示。其中，每个框图中的首个数字 1 代表设计人员，数字 2 代表生产厂家，数字 3 代表运输车辆，数字 4 代表施工现场。

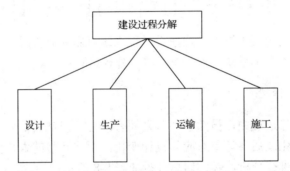

图 8-8　装配式混凝土结构建设全过程因素分解的基本框架

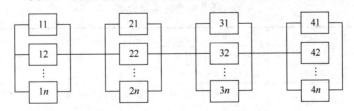

图 8-9　各子系统之间的组织结构

目前国内对预制装配式混凝土框架结构建设全过程的研究只是针对一些具体环节的问题进行研究，本节通过归纳总结，得出影响各工序的因素，如表 8-7 所示。

表 8-7　各工序及其影响因素

工序	设计	生产	运输	施工
影响因素	建筑设计 防火设计 结构设计	机械设备 原料资源 养护过程	机械设备 天气环境 道路条件	施工人员 机械设备 天气环境

由图 8-9 可知，复杂系统中每个子系统都会有多个影响因素，这些因素通过某种内在联系构成网状结构，此时这种结构中的每个节点，即影响因素的可靠性为 R_{ij}（R_{ij} 为工序的基本单元可靠性）。从上述可以看出，$R_{11}, R_{12}, \cdots, R_{1n}$ 属于并联结构，而 $R_{11}, R_{21}, R_{31}, R_{41}$ 属于串联结构，因此整个系统属于串-并联系统，由网络的结构性质可知 R_1 的可靠性为 $1 - \prod_{i=1}^{n} R_{1j}$，根据这种规律可以得知另外 3 个子系统的可靠性，从串-并联结构可靠性计算式可推断出系统的可靠性为

$$R(t) = \prod_{i=1}^{n} \left\{ 1 - \prod_{j=1}^{n} \left[1 - R_{ij}(t) \right] \right\}$$

$$= \left\{ 1 - \prod_{j=1}^{n} R_{1j} \right\} \times \left\{ 1 - \prod_{j=1}^{n} R_{2j} \right\} \times \left\{ 1 - \prod_{j=1}^{n} R_{3j} \right\} \times \left\{ 1 - \prod_{j=1}^{n} R_{4j} \right\}$$

（8-9）

本节对装配式混凝土框架结构建设过程系统可靠性分析时，主要从设计、生产、运输、施工 4 个子系统进行分析，具体建模过程如下。

1. 设计环节模型

在构件的设计过程中，虽然各环节之间有沟通，但是其信息是不完整的，这就造成了信息变化以后各环节对应的设计变化，不同环节的人员要对来自其他环节的信息可靠性进行分析，具体信息分析如表 8-8 所示。

表 8-8　可靠性信息分析

基本信息	单位信息	设计院技术水平	用于判断发生反馈时更改的概率
	人员信息	设计人员经验及技术水平等	
	反馈信息	各条线反馈情况	
本质信息	详细设计信息	整体复杂度、构件复杂度、场地复杂度等	用于判断来自各个环节的信息是否满足其他环节的开始条件

在计算构件设计可靠性时，基本信息和本质信息对信息可靠性的影响是不同的，因此需要对这两者配以相应的权重。用 ω_t 表示基本信息的权重，ω_a 表示本质信息的权重，这两者信息的指标参数如表 8-9 所示。

表 8-9　可靠性指标参数

可靠性权重	可靠性指标数量	可靠性级别
基本信息权重 $\omega_{\mathrm{t}} \in [0,1]$	基本信息指标数量 m	每个基本信息可靠性级别与级别权重的乘积 k_i $(0,1,2,3,\cdots)$
本质信息权重 $\omega_{\mathrm{a}} \in [0,1]$	本质信息指标数量 n	每个基本信息可靠性级别与级别权重的乘积 d_j $(0,1,2,3,\cdots)$

即设计可靠性计算公式为

$$R_1 = \omega_{\mathrm{t}} \sum_{i=1}^{m} k_i + \omega_{\mathrm{a}} \sum_{j=1}^{n} d_j \tag{8-10}$$

式中，假设各环节之间信息交流的最小可靠性为 $R_{\min}$，构件设计的最大可靠性为 $R_{\max}$，则

$$R_{\min} = \omega_{\mathrm{t}} m + \omega_{\mathrm{a}} n \tag{8-11}$$

$$R_{\max} = \omega_{\mathrm{t}} \sum_{i=1}^{m} k_{i\max} + \omega_{\mathrm{a}} \sum_{j=1}^{n} d_{j\max} \tag{8-12}$$

因此，设计模型中的约束条件为 $R_0 < R_1 < R_{\max}$。

2. 生产环节模型

构件生产系统的可靠性由 n 个工序过程来保证，当且仅当这 n 个工序加工过程均不发生工艺故障时，制造过程才能够保证其生产可靠性符合要求，或只要一个工序加工过程发生故障，则制造过程就会发生故障，这时称制造过程是由 n 个工序过程构成的可靠性串联系统[21-25]。令第 i 个加工过程保证加工误差在规定范围内的时间为 X_i（即出现工艺故障的时间），其完成任务所需时间为 t_i，则该加工的任务可靠性为 $P_i = P\{X_i > t_i\}$，即为第 i 个加工过程满足工艺规范要求的概率。设整个构件制造过程保证产品的可靠性指标符合要求的加工时间为 X，其完成任务时间为 t，则在构件生产过程中可靠性的表达式 $P(t) = P\{X > t\}$。

在实际构件生产制作过程中，因为各方面内在或者外在的因素，会对构件的质量产生影响，但这些影响相互之间没有关联关系。在工序可靠性顺序关联的条件下，需要对每个工序单元可能出现的超出工序规范的加工偏差加以约束，假设该构件有一定质量问题，但并不妨碍后序操作对质量问题进行弥补，此时第 i 个工序单元对第 k 个工序的加工偏差超出工序规范但是能够被后续工序单元修正的概率为 $P_k^{[i]}(t)$，定义 $P_k^{(i)}(t)$ 为第 i 个工序单元对第 k 个工序的加工偏差符合工序规范的概率。以两个顺序关联的工序单元为例，这两个工序单元 1 和 2 组成的制造过程的工艺可靠性 $R_2(t)$ 可表示为

$$R_2(t) \geqslant R_2'(t) = \left[\left(1 - P_k^{(1)}(t)\right) P_k^{[1]} + P_k^{(1)}(t) \right] P_k^{(2)}(t) \tag{8-13}$$

特别地，如果 $P_k^{[1]}(t)=1$，则 $R_2(t)=P_k^{(2)}(t)$，即如果第 1 个工序单元的加工偏差能够确定被第 2 个工序单元修正，那么这两个单元组成的制造过程的工序可靠性仅依赖于第 2 个工序单元的加工偏差是否符合工序规范。如果生产制造过程具备顺序关联关系的工序单元多于两个，其工序可靠性可以按式（8-13）类推。

3. 运输环节模型

在装配式建筑的正常建设过程中，成品构件和混凝土的运输是非常重要的环节，会对工程的质量和工期产生巨大的影响。在运输过程中，需要考虑工程的进度，即时间节点，因此本节用运输时间作为评判运输可靠性的标准。定义在一定时间和条件下，将构件或者原材料送达施工现场的概率记为运输可靠性，即

$$R_3(t)=P(T\leqslant t) \tag{8-14}$$

式中，$R_3(t)$——构件或原材料运输的可靠性；

　　　　T——运输时间；

　　　　t——规定运输限制时间。

从式（8-14）中可以看出，限制时间越长，能在规定时间内送达的可靠性越高。用函数来表示的话，若已知运输时间的分布函数 $F_T(t)$，则可靠性表示为

$$R_3(t)=F_T(t) \tag{8-15}$$

如果已知构件或者原材料到施工现场的运输速度分布函数 $F_T(t)$、运输距离 d 及装卸材料的时间 t'，则运输可靠性表示为

$$R_3(t)\geqslant R_3'=P\left(\frac{d}{v}+t'\leqslant t\right)=P\left(v\geqslant\frac{d}{t-t'}\right)=1-F_v\left(\frac{d}{t-t'}\right) \tag{8-16}$$

假定在某一运输网络系统中，有若干条运输通道从工厂到达施工现场，则整个运输系统可靠性的求解步骤如下。

（1）计算每个运输通道的可靠性。

（2）求解运输通道的最短运输距离。

（3）考虑整个系统的最短路径，并计算出各路径的可靠性。

（4）对运输路线各道路的可靠性进行加权平均，求得总运输可靠性。

假设运输网络系统中有 i 条道路，则总运输可靠性为

$$R_3\geqslant\sum_{i=1}^{i}\delta_iR_i \tag{8-17}$$

$$\delta_i=\frac{Q_i}{W} \tag{8-18}$$

式中，R_3——总运输可靠性；

　　　　R_i——第 i 条道路的可靠性；

　　　　δ_i——第 i 条道路的权重系数；

Q_i ——第 i 条道路的运输时间；

W ——工程计划时间总量。

4. 施工环节模型

施工现场是一个复杂的环境，对工程质量的影响包含诸多因素，如果从各因素的角度分析施工可靠性是非常烦琐且复杂的，本节通过 BIM 模型中的 IFC 文件库，引入应力-强度干涉模型进行分析。

应力-强度模型是用来对工程结构质量进行分析的模型，这种模型的理念是将建筑结构的自身强度与建筑结构所承受的力相结合，认为结构自身强度大于所承受的力的概率为建筑的可靠性。本节将这一思想引入施工的可靠性分析，认为施工过程中各影响因素对施工的影响不超过自身所能承受的范围的概率为施工可靠性，方程表达式为

$$Z = R - S = 0 \tag{8-19}$$

式中，Z ——极限条件下的变量；

R ——理论状态下最符合现场施工水平的可靠性；

S ——施工过程中在实际状态下的水平。

R 的影响因素有很多，主要是施工方法的正确性、施工人员的岗前培训程度、自身技术水平等，S 表示外界对施工过程的影响程度。在这一方程中可以看出，若 $R > S$，则表示施工环节能正常进行，外界的干扰因素对施工过程的影响在所能承受的范围之内；若 $R < S$，则表示施工无法正常进行，外界的干扰因素的作用已经超过了施工过程的承受范围。这种思想下的施工可靠性 R_4' 和对应的失效概率 P_f 可表示为

$$R_4' = P\{R - S > 0\} \tag{8-20}$$

$$P_f = P\{R - S < 0\} \tag{8-21}$$

假设 R 和 S 服从正态分布，则对应着 $Z = R - S$ 也服从正态分布。

因此，变量 M 的概率密度函数为

$$f(z) = \frac{1}{\sigma_s \sqrt{2\pi}} \exp\left[-\frac{1}{2}\frac{(z - \mu_s)^2}{\sigma_s^2}\right] \tag{8-22}$$

式中，μ_s ——Z 的均值；

σ_s ——Z 的标准差。

所以可靠性为

$$R_4' = 1 - P_f = P(Z > 0) = \int_0^{+\infty} \frac{1}{\sigma_s \sqrt{2\pi}} \exp\left[-\frac{1}{2}\frac{(z - \mu_s)^2}{\sigma_s^2}\right] dz$$

$$= 1 - \int_{-\infty}^0 \frac{1}{\sigma_s \sqrt{2\pi}} \exp\left[-\frac{1}{2}\frac{(z - \mu_s)^2}{\sigma_s^2}\right] dz \tag{8-23}$$

令 $t = \dfrac{z - \mu_s}{\sigma_s}$ ，可得

$$R_4 \geqslant R_4' = 1 - P_f = 1 - \int_{-\infty}^{\frac{\mu_s}{\sigma_s}} \frac{1}{\sigma_s \sqrt{2\pi}} \exp\left(-\frac{1}{2}t^2\right) dz \tag{8-24}$$

8.3.4　各子系统权重系数的确定

在方案进行选择的过程中，不同因素对结果的影响是巨大的，因此，必须考虑不同因素对结果的影响程度。通过分析子系统之间的内在关系，多角度、多方位地对子系统进行评价，把复杂系统进行目标分解，然后对问题进行定量与定性相结合的探讨。本节采用层次分析法对装配式建筑复杂建设全过程进行分析，体现出整体—分解—综合分析的逻辑。

在运用层次分析法时，主要分为以下几个步骤。

（1）建立结构层次模型。分析系统中各环节之间的关系，将系统各环节评判为不同层次，用递阶框图的形式表示系统中的结构关系与各环节的属性关系，从而建立系统的递阶层次结构。

（2）构造判断矩阵。通过对系统中建设全过程每个子系统进行分析，对 4 个子系统按照某一原则进行两两比较，从而得到判断矩阵，这个过程中运用指标重要性标度法进行 4 个子系统的比较判断，矩阵指标如表 8-10 所示。4 个子系统比较的次数为 $n(n-1)/2$，即 6 次，以给比较判断提供充分的前提条件。

表 8-10　矩阵指标

指标程度	相同重要	稍微重要	明显重要	强烈重要	极限重要
指标数值	1	3	5	7	9

注：指标重要程度相当于采取指标数值的中间值，相对比较的指标数值互为倒数关系。

（3）层次单排序及一致性检验。由矩阵 $\boldsymbol{AW} = \lambda_{\max}\boldsymbol{W}$ 可知，$\lambda_{\max}$ 存在且唯一，$\boldsymbol{W}$ 的分量均为正分量，在计算求得 $\lambda_{\max}$ 及特征根的特征向量 $\boldsymbol{W}$ 后，经归一化后即可得到同一层次状态下的相对权重 φ_i。最后，对所求出的数值进行一致性指标（consistency index，CI）的检验。

$$CI = \frac{\lambda_{\max} - n}{n-1} \tag{8-25}$$

$$\lambda_{\max} = \frac{1}{n}\sum_{i=1}^{n}\frac{(\boldsymbol{AW})_i}{W_i} = \frac{1}{n}\sum_{i=1}^{n}\frac{\sum_{j=1}^{n}a_{ij}W_j}{W_i} \tag{8-26}$$

式中，$(\boldsymbol{AW})_i$——向量 $\boldsymbol{AW}$ 的第 i 个分量。

随机一致性指标（random consistency index，RI）值如表 8-11 所示。

表 8-11　随机一致性指标（RI）值

n	1	2	3	4	5	6	7	8	9	10	11
RI	0.00	0.00	0.52	0.89	1.12	1.23	1.36	1.41	1.46	1.49	1.52

当随机一致性比率（consistency ratio，CR）$=\dfrac{\text{CI}}{\text{RI}}<0.10$ 时，可判定层次分析法单排序具有一致性，否则返回对矩阵的判断元素进行调整，直至符合一致性要求为止。

（4）层次总排序及一致性检验。层次单排序的目的是对各环节中的影响因素重要度进行排序；而层次总排序是各环节中影响因素的相对重要度的加权和。此步骤从高层次到低层次逐渐排列，并需要对结果的一致性进行检验，计算综合检验指标：

$$CR = \frac{\sum_{j=1}^{k} CI(j)\varepsilon_j}{\sum_{j=1}^{k} RI(j)\varepsilon_j} < 0.10 \qquad (8\text{-}27)$$

对结果进行检验合格后，则表明权重计算和排列无误，结果为有效解。

8.3.5　改进蛙跳算法在可靠性分析中的运行步骤

装配式结构建设全过程可靠性模型属于非线性函数，传统方法的求解状态离散化程度高，求解精度低，速度慢，容易出现陷入局部较优解。本节所提出的改进蛙跳算法通过全局搜索，寻求全局最优解，高效、精确地对可靠性问题进行求解。求解时，改进蛙跳算法秉着"效率导向"和"结果导向"的原则，在全局搜索中选择自动更新，并且自动跳出局部最优，搜索比目前状态更优的解，并对比后进行更新，使整个蛙群向最优方向搜索前进，并求得全局较优值。因此，本节改进蛙跳算法的应用步骤如下。

（1）对基本参数进行初始化，包括青蛙的种群规模 P、各子群数量 M、青蛙总数 f、种群的最大迭代次数 N 和步长 x 等。

（2）随机划分包含 P 只青蛙的种群，并计算其中每只青蛙的适应度值。

（3）进行迭代搜索，根据计算得到的适应度值，找到全局位置最优的青蛙个体和位置最差的青蛙个体，对整个蛙群进行降序排列，并划分为 M 个小组。

（4）对蛙群中排列在后面的 50%青蛙个体执行莱维飞行操作。

（5）引入细菌觅食优化算法中的迁移机制，对青蛙种群进行随机操作，对蛙群中的个体进行迁移操作。

（6）当完成局部搜索后，将已经执行完所有操作的青蛙混合在一起，构建出新的种群。

（7）判断所计算的适应度值是否满足收敛条件，若不满足，则返回步骤（3），对蛙群进行适应度值的重新划分，进行局部搜索，若满足适应度值要求或者迭代次数条件则算法结束，输出所求得的较优解。

（8）根据式（8-28）和式（8-29）中设计、生产、运输、施工 4 个子系统的可靠性目标约束，以及工期最短、成本最低两个约束条件，通过运算求得建设全过程可靠性最高的情况下，工期及成本的 Pareto 解集，并通过表 8-12 判断建筑过程系统可靠性区间类别。

$$R_{\max} = \varphi_1 R_1 + \varphi_2 R_2 + \varphi_3 R_3 + \varphi_4 R_4 \tag{8-28}$$

$$\text{s.t.} \begin{cases} R_0 < R_1 < R_{\max} \\ R_2 \geqslant R_2' \\ R_3 \geqslant R_3' \\ R_4 \geqslant R_4' \\ T \leqslant T' \\ C \leqslant C' \end{cases} \tag{8-29}$$

式中，$R_{\max}$——预制装配式建设过程的系统可靠性；

R_1, R_2, R_3, R_4——建设过程设计、生产、运输、施工环节的可靠性；

$\varphi_1, \varphi_2, \varphi_3, \varphi_4$——建设过程设计、生产、运输、施工环节的可靠性权重；

T, C——优化后的工期与成本；

T', C'——合同工期与合同成本。

表 8-12　装配式混凝土结构建设可靠性评价区间

评判语言	区间
很可靠	(0.908, 1]
可靠	(0.750, 0.908]
略可靠	(0.677, 0.750]
临界可靠	(0.323, 0.677]
略不可靠	(0.205, 0.323]
不可靠	(0.191, 0.205]
很不可靠	[0, 0.191]

小　　结

预制装配式技术与传统施工方法有较大差别，装配式建筑建设过程中需要考虑产业链要求，协调每个环节的建筑需求，并且随着装配式建筑的大型化、复杂化和系统化，某个环节的失误都会造成巨大损失。因此，本章结合系统可靠性原理，考虑以装配式混凝土结构建设全过程中的设计、生产、运输、施工为研究对象，建立建设全过程综合可靠性模型，引入改进蛙跳算法进行求解，并将其成功应用于预制装配式结构可靠性分析中，为装配式研究和可靠性分析提供一种新的思路及方法。

本章的主要结论如下。

（1）本章重点对装配式混凝土结构建设过程系统可靠性进行分析。首先分析建模原则及框架设计，详细阐述设计、生产、运输、安装施工 4 个子系统的特点及影响因素，推导出各子系统的可靠性模型；并结合层析分析法，得到各子系统的相对权重，分析子系统间的串并联关系，建立装配式结构建设过程系统可靠性分析模型。

（2）针对传统可靠性计算方法在多约束问题中求解困难等不足，引入基本蛙跳算法并进行改进。本章对青蛙个体进行随机分组，以实现快速寻优；结合细菌觅食优化算法中的迁移机制对青蛙个体的搜素位置进行概率迁移，以提高全局搜索效率；并对位置信息相同的青蛙个体执行化学反应优化算法中的高斯突变，以提高算法的稳健性。最后通过 4 个测试函数和典型的 TSP 验证改进蛙跳算法的可行性和高效性。

（3）采用改进蛙跳算法求解可靠性约束函数，并考虑工程工期、成本等因素，求解出多组可靠性约束函数的 Pareto 解集，通过结果的对比分析，可以为管理者决策提供较好的参考价值，较大限度地协调建设过程可靠性和工程项目经济效益。

施工可靠性与结构可靠性的研究课题较多，但预制装配式结构建设过程系统可靠性理论较为新颖，国内外关于这一结合点的研究成果并不多，大部分研究重点倾向于其中某一环节，如设计或者施工与可靠性理论的结合。本章将改进蛙跳算法应用于建筑过程可靠性分析多约束函数的求解问题中，取得了满意的效果。但在装配式建筑的应用与可靠性研究方面仍存在一些欠缺，还需要从以下几个方面进一步完善。

（1）本章对装配式建筑建筑过程的研究仅限于设计、生产、运输、施工这 4 个环节，具有一定的局限性，从工程项目全产业链角度分析，还可以包含前期的勘探工程与后期的运维能力。全产业链可靠性分析更有利于保证建筑的整体质量，为建设单位后期的运维能力提供一定参考价值，为工程项目的可行性分析提前做出判断。

（2）装配式技术不仅可以应用于混凝土结构，还可以应用于钢结构，并且随着 BIM 技术的发展，装配式技术的理论与实践应用也越来越丰富。通过与 BIM 技术的结合，施工单位可以在早期设计阶段就介入项目，根据现场实况更合理地划分单元模块，同时协调工厂生产同步施工，节省时间，提高各环节的效率；并且 BIM 可以将预制装配式中的建筑、结构、机电、装修等专业更为有效地串联，实现协同管理，精细化管理。

（3）蛙跳算法的基本理论研究还需进一步加深，如对初始参数、蛙跳的步长和位置更新机制等基本原理。另外，蛙跳算法有很广的延展性，如算法的收敛性、收敛速度及蛙跳算法与其他智能优化理论的结合点等。这些理论的深入研究都可以提升蛙跳算法的性能。

参 考 文 献

[1] EUSUFF M M, LANSEY K E. Optimization of water distribution network design using the shuffled frog leaping algorithm[J]. Water resour plan manage, 2003, 129(3): 210-225.

[2] RAJAMOHANA S, UMAMAHESWARI K. Hybrid approach of improved binary particle swarm optimization and shuffled frog leaping for feature selection[J]. Computers & electrical engineering, 2018, 2: 319-334.

[3] DASH R. An improved shuffled frog leaping algorithm based evolutionary framework for currency exchange rate prediction[J]. Statistical mechanics and its applications, 2017, 486: 782-796.

[4] PASSINO K M. Biomimicry of bacterial foraging for distributed optimization and control[J]. IEEE control systems, 2002, 22(3): 52-67.

[5] LAM A, LI V. Chemical-reaction-inspired metaheuristic for optimization[J]. IEEE transactions on evolutionary computation, 2010, 14 (3): 381-399.

[6] OLSEN N, WILLIAMSON A. Application of classification principles to improve the reliability of incident classification systems: A test case using HFACS-ADF[J]. Applied ergonomics, 2017, 63: 31-40.

[7] MARTIN Y. Reliability and safety of the foundations of buildings and structures on permafrost[J]. Soil mechanics and foundation engineering, 2017, 54(3): 198-201.

[8] CAO J H, DU H D, SHEN Y. Simulation evaluation of complex system reliability based on fuzzy markov process[J]. Journal of academy of armored force engineering, 2015, 29(6): 93-97.

[9] CHENG Y, DU X P. System reliability analysis with dependent component failures during early design stage-A feasibility study[J]. Journal of mechanical design, 2016, 138: 1-12.

[10] YU H, YANG J, LIN J, et al. Reliability evaluation of non-repairable phased-mission common bus systems with common cause failures[J]. Computers & industrial engineering, 2017, 111: 445-457.

[11] AMIRHOSSAIN C, JAVAD S, FAKHRI B, et al. A note on a reliability redundancy allocation problem using a tuned parameter genetic algorithm[J]. Opsearch, 2016, 53: 426-442.

[12] 李彦苍, 彭扬. 基于信息熵的改进人工蜂群算法[J]. 控制与决策, 2015, 30 (6): 1121-1125.

[13] AMIRIAN H, SAHRAEIAN R. Solving a grey project selection scheduling using a simulated shuffled frog leaping algorithm[J]. Computers and industrial engineering, 2017, 107: 141-149.

[14] 岳克强, 赵知劲, 尚俊娜. 智能优化在多用户检测中的应用[J]. 计算机工程与应用, 2009, 45 (26): 90-93.

[15] 陈小红, 李霞, 王娜. 多目标混合蛙跳算法中改进的种群分割方法[J]. 信号处理, 2014, 30 (10): 1134-1142.

[16] 林娟, 钟一文, 马森林. 改进的反向蛙跳算法求解函数优化问题[J]. 计算机应用研究. 2013, 30 (3): 760-765.

[17] 李建军, 郁滨, 陈武平. 混合蛙跳算法的改进与仿真[J]. 系统仿真学报, 2014, 26 (4): 755-760.

[18] 李彦苍, 刘丽萍. 基于改进蛙跳算法的结构可靠指标计算[J]. 计算力学学报, 2015, 32 (6): 803-807.

[19] 刘丽杰, 张强. 自适应混合文化蛙跳算法求解连续空间优化问题[J]. 信息与控制, 2016, 45 (3): 306-311.

[20] ANANDAMURUGAN S, ABIRAMI T. Antipredator adaptation shuffled frog leap algorithm to improve Network life time in wireless sensor network[J]. Wireless personal communications, 2017, 94: 2031-2042.

[21] MASHHADI K A, ALINIA A M. Various strategies for partitioning of memeplexes in shuffled frog leaping algorithm[C]//14th Int CSI Computer Conf. New York: IEEE Press, 2009, 576-581.

[22] AGHDAM K M, MIRZAEE I, POURMAHMOOD N, et al. Adaptive mutated momentum shuffled frog leaping algorithm for design of water distribution networks[J]. Arabian journal for science and engineering, 2014, 39: 7717-7727.

[23] HADDAD O B, HAMEDI F, FALLAH-MEHDIPOUR E. Application of a hybrid optimization method in muskingum parameter estimation[J]. Journal of irrigation and drainage engineering, 2015, 141(12): 1-8.

[24] MEYYAPPAN U. Application of a hybrid optimization method in muskingum parameter estimation[J]. Wind engineering, 2017, 42(1): 3-15.

[25] DASH R. Performance analysis of a higher order neural network with an improved shuffled frog leaping algorithm for currency exchange rate prediction[J]. Applied soft computing, 2018, 67: 215-231.